Verbotene Reichsbahn

von

Günter Meyer

EISENBAHN KURIER
VORBILD UND MODELL

EK-Verlag

Titel: Ein verbotener Blick in das Bahnbetriebswerk Karl-Marx-Stadt (heute wieder Chemnitz). Autor Günter Meyer hat das Bild im Schutz des Führerstandes seiner G 12 geschossen. Die Aufnahme entstand am 20. März 1966.

Rücktitel: Am 30. August 1958 verläßt P 4031 in Richtung Muldenberg den Bahnhof Eibenstock unt. Bf., Zuglok war 75 503. Aus den schönen alten Personenwagen schauen einige Reisende erstaunt auf den „frechen Fotografen", der das Verbotene wagt …

ISBN 3-88255-257-3

EK-Verlag GmbH • Postfach 500 111 • 79027 Freiburg • www.eisenbahn-kurier.de

Erstauflage 1993 – 1. Neuauflage 2004
Printed in Germany

Inhaltsverzeichnis

1 – Die Preßnitztalbahn von Wolkenstein nach Jöhstadt gehörte zu den beliebtesten Strecken, die Günter Meyer immer wieder aufsuchte. Am 7. Oktober 1964 fotografierte er in Oberschmiedeberg den P 3106 nach Jöhstadt. Das Lokpersonal von der 99 569 wartete noch auf den letzten Fahrgast – auf den Fotografen, der dann wieder seinen Stammplatz auf der ersten Wagenbühne einnahm, um auf der folgenden Station zum nächsten Fotostandpunkt zu spurten …

Zum Geleit

Wenn wir thüringischen und sächsischen Eisenbahnfreunde vom „harten Kern“ uns zu Exkursionen, Sonderfahrten oder auch rein zufällig am Bahndamm trafen, dann spielte das Thema Eisenbahnliteratur immer eine besondere Rolle. Als „gelernter DDR-Bürger“ in Sachen Geduld bestens geübt, freute man sich über alles, was man auch nur leihweise erhielt; weitete sich doch der eigene Horizont erheblich und sah man, was andere so alles in der Vergangenheit abgelichtet hatten.

Manch einer erwischte so sein erstes EK-Buch, und als 1977 das nun schon in der vierten Auflage erschienene Buch „Reichsbahnlokomotiven, fotografiert von Carl Bellingrodt“ bei uns die „Runde“ machte, unterhielten wir uns oft darüber, daß die damals schon legendären „Fünfziger“ und „Sechziger“ bei der DR ebenso einen Bildband verdient hätten. Hatte die Zeit doch seitdem Traktionsmittel, Bahnhöfe, Anlagen und so manche Strecke verändert. Hinzu kam die Erinnerung an das strenge Fotografierverbot jener Jahre, das ein organisiertes und planvolles Fotografieren der Reichsbahn eigentlich unmöglich machte, sie war eben für den Fotografen eine **Verbotene Reichsbahn!**

Wenn sich auch in den siebziger Jahren die Reglementierungen von Trapo und „pflichtbewußten“ Eisenbahnern aller Rangordnungen deutlich abschwächten – der nicht nachvollziehbaren und nicht überprüfbaren Einschränkung bestehender (Foto-)Rechte einschließlich schikanöser Behandlung Einzelner blieb weiterhin Tür und Tor geöffnet. So waren auch die Extreme nicht weit entfernt: Während man auf der Saalfelder Straßenbrücke die Massen fotografieren ließ, konnte man schon knapp 20 Kilometer weiter bei Unterloquitz zum „Problemfall“ werden. Nicht unerwähnt dürften aber auch die vielen freundlichen Eisenbahner bleiben, die zu **allen** Zeiten die Fotografen gewähren ließen; ohne deren Verständnis wäre manches Bild nie entstanden.

Mit Abstand ganz oben als sachkundiger Urheber eines solchen Bildbandes rangierte ein Name: Günter Meyer. Wir kannten seine Bilder von allfälligen DDR-Büchern und wußten wohl auch, daß ein Großteil der historisch wertvollen Reichsbahn-Aufnahmen in verschiedenen EK-Publikationen von Günter Meyer

2 – Günter Meyer am 28. August 1968 auf seiner 58 1666 vom Bw Aue in der Einsatzstelle Werdau.

stammten, wenn auch oftmals „Sammlung Moll" darunter stand... Abzüge vom Meister und Chronisten wurden in den eigenen Bilderkisten sorgsam gehütet.
All' diese Wünsche vieler Eisenbahnfreunde blieben aber bei einem einst konkurrenzlosen Verlag in Ost-Berlin ungehört, man hatte wohl damals Wert und Bedeutung einer solchen Publikation nicht erkennen können.

Als ich dann Jahre später mit Günter Meyer bekannt wurde, wir stundenlang in seinen unzähligen selbstgezimmerten, fast einen Meter langen Bilderkisten wühlten, fachsimpelten und Erinnerungen austauschten, lernte ich ihn nicht nur als vortrefflichen Fotografen kennen, sondern auch als einen Fachmann, der scheinbar längst vergessene Sachverhalte und Zusammenhänge vermitteln konnte. Man lernte bei ihm, was es mit der Henry-Bremse auf sich hatte, wo bei den alten Behelfspersonenzugwagen der Gattung Mci der Einfüllstutzen für das Leuchtgas war und warum die Federbremse unerschöpflich ist...

Früher von manchem seiner Zeitgenossen und Eisenbahnerkollegen belächelt, wenn er etwa am Silvestertag in den Zug stieg, um am Neujahrstag den letzten Zug auf einer der geliebten Schmalspurbahnen abzulichten oder „mal schnell mit dem Fahrrad nach Berlin zu fahren", gehört Günter Meyer zu den „lebenden Eisenbahnlexika", ohne die mancher Sachverhalt heute im Dunkeln bleiben würde.

Wie es mit seiner Liebe zur Eisenbahn und der Fotografierleidenschaft angefangen hat, haben wir bereits im Heft 1/92 des Eisenbahn-Kurier ausführlich und mit dem unverwechselbaren Meyer'schen Humor abgedruckt. Günter Meyer ist nicht nur Fotograf, er hat – und das ist sein besonderes Verdienst – trotz des allgegenwärtigen Fotografierverbotes keine „sterilen Züge" auf die Platte gebannt, sondern immer auch die Menschen, die sie benutzten, gekonnt in Szene gesetzt. So sind Bilder entstanden, die in eindrucksvoller Weise das Vierteljahrhundert Nachkriegsgeschichte auf Reichsbahngleisen im östlichen Teil Deutschlands zeigen. Mit dieser Art Dokumentation hat Günter Meyer seinen eigenen unverwechselbaren Stil geschaffen.

So ist es sein Verdienst, wenn wir aus einer Zeit, die viele Eisenbahnfreunde nur von Bildern oder aus Erzählungen kennen, Aufnahmen in hervorragender Qualität der Öffentlichkeit zugänglich machen können. Manch einer der schon älteren Generation wird sich in seinen Kindheits- und Jugendzeiten wiederfinden: In den vollen Personenzügen des Berufsverkehrs, auf den gefüllten Bahnsteigen, beim Wochenendausflug mit den Eltern oder auch bei den wenigen damals möglichen Urlaubsreisen, zu den Zeiten, als die Dampflok wegen ihrer Alltäglichkeit kaum beachtet wurde und als die Eisenbahn noch das Verkehrsmittel Nummer eins war!
Günter Meyer ist übrigens bis heute der Schwarz-Weiß-Fotografie, die den Urheber zur Gestaltung, Verarbeitung und auch künstlerischen Umsetzung inspiriert, treu geblieben. Wenn er heute auf seinen „eisenbahnarchäologischen Wanderungen" auf alten Bahndämmen der Vergangenheit nachspürt, dann hat er nicht nur die alten Vergleichsbilder in einem Karton bei sich, sondern auch den altbewährten ORWO-NP 15-Film in der Kamera.

Folgen Sie uns nun, liebe Leser, auf eine Reise in die Vergangenheit der Deutschen Reichsbahn, von der neben einigen Relikten auf den Bahnanlagen bestenfalls noch ein paar Museumsdampfloks übriggeblieben sind.

Wir haben die übliche Baureihen-Chronologie von „01 bis 99" bewußt verlassen, das Buch nach Reisekapiteln geordnet und dabei den geographischen Belangen den Vorzug gegeben; eben so, wie es sich bei einer Reise mit der Deutschen Reichsbahn damals ergeben hätte. Dabei werden auch die wenigen damals noch vorhandenen „Nichtreichsbahneigenen" nicht vergessen.

Wünschen wir den Lesern viel Vergnügen und Günter Meyer noch lange viel Spaß an seinem einzigartigen Lebenswerk.

Thomas Frister — Gera/Freiburg, im Juni 1993

3 – Trotz des lange Jahre während Fotografierverbotes bei der Deutschen Reichsbahn hat Günter Meyer die alltäglichen Bahnhofsszenen jener Jahre immer wieder gekonnt ins Bild gesetzt und so wertvolle Bilddokumente geschaffen. Am 6. Oktober 1965 ist 75 558 mit dem P 4028 aus Zwickau gerade in Klingenthal angekommen, die Reisenden strömen aus den Wagen, am grossen und repräsentativen Empfangsgebäude steht der damals übliche Wagen für das Gepäck. Bis Kriegsende konnte man hier weiter nach Graslitz reisen.

Berlin vor 1961

Bereits in den fünfziger Jahren übten die Berliner Fernbahnhöfe im Westen der geteilten Stadt auf Günter Meyer eine besondere Anziehungskraft aus, waren sie doch Zeugen einer längst vergangenen Epoche, als die einstige Reichshauptstadt mit ihren Fernbahnhöfen eines der Zentren der Reichsbahn war. Kriegszerstört und ihrer alten Funktion infolge der Teilung der Stadt beraubt, galt es reichlich zehn Jahre nach Kriegsende, das im Bild festzuhalten, was bald völlig verschwunden sein würde. Schon damals zogen die langsam verfallenden Bahnanlagen Günter Meyer geradezu magisch an, denn die bereits angebrachten Schilder über den beabsichtigten Abbruch der alten Verkehrsanlagen waren unzweifelhafte Vorboten der bevorstehenden Veränderungen.

Die dienstplanmäßige Pause alle zwölf Tage in der ehemaligen Reichshauptstadt wurde ausgiebig genutzt. Mit einer Rückfahrkarte für 40 Pfennig bestieg man die S-Bahn in Richtung Westen. Hatte man ohne Probleme die Sektorengrenze passiert, galt es, die nächsten Schwierigkeiten zu meistern. Geschah das Fotografieren der alten Bahnhöfe von der Ferne noch ohne Schwierigkeiten, so galt beim Betreten der DR-Anlagen auch das allfällige Fotografierverbot wie in der DDR.

„Pflichtbewußte“ Reichsbahner auf den teilweise noch verbliebenen Betriebsstellen konnten per Telefon die Bahnpolizei informieren, die dem Treiben des heimlichen Fotografen ein schnelles Ende bereitet hätte. So mußte denn auch unser Autor nach dem Fotografieren des Görlitzer Bahnhofs die Beine in die Hand nehmen, um nicht vom herbeieilenden Stellwerksbediensteten ergriffen zu werden.

Ganz anders hingegen waren die Erfahrungen des Fotografen im Museum für Technik und Verkehr im ehemaligen Hamburger Bahnhof. Dank seiner Uniform und dem ausgesprochenen Verständnis des dortigen Vorstehers konnte Günter Meyer die sonst unzugänglichen Schätze ausgiebig besichtigen und fotografieren.

So verdanken wir dem Fotografen eine ganze Reihe heute sehr wertvoller Aufnahmen, die im Hinblick auf die bereits begonnene Umgestaltung der über vier Jahrzehnte im Dornröschenschlaf liegenden Berliner Reichsbahnverkehrsanlagen ein beeindruckendes Abbild der Nachkriegsjahre zeichnen.

Auch nach der Maueröffnung blieb Günter Meyer seiner besonderen Liebe für die Berliner Eisenbahnlandschaft treu, obwohl dreißig weitere Jahre ihre Spuren hinterlassen hatten. Mit den alten Vergleichsaufnahmen in der Tasche hat er in mehreren „eisenbahnarchäologischen Wanderungen“ – gut getarnt mit seiner Uniform – die alten Berliner Eisenbahnstrecken abgewandert und in neuen Aufnahmen den „Status quo“ festgehalten.

4 – (oben links) Das Portal des ehemaligen Hamburger Bahnhofs, aufgenommen im Jahr 1957. Dieser Bahnhof beherbergte das Verkehrs- und Baumuseum. Gut sichtbar vor dem Eingang: das Kriegerdenkmal aus dem Ersten Weltkrieg.

5 – (oben rechts) Günter Meyer durfte die dort aufbewahrten Schätze ausgiebig betrachten und auch fotografieren. Eines der Raritäten war die preußische T 0 mit der Achsfolge 1A, hergestellt von Henschel in Kassel im Jahre 1883.

6 – (rechts) Ein heimliches Bild aus dem Bw Ostbahnhof mit den Loks 03 195, 03 154, 65 1036 und einer Lok der Baureihe 01.

7–(oben links) So präsentierte sich der Lehrter Bahnhof in Berlin unserem Fotografen am 30. Juni 1957. Die einstige Bedeutung des monumentalen Bauwerkes läßt sich nur noch erahnen …

8–(unten links) Der Lehrter Bahnhof aus einer anderen Perspektive vom Ufer der Spree, wenige Wochen zuvor, im Mai 1957. Gut sichtbar sind die noch relativ gut erhaltene Dachkonstruktion und die beachtliche Länge der Bahnsteighalle. Rechts am Bildrand ist ein alter zweiachsiger S-Bahn-Mittelwagen zu erkennen.

9–(oben rechts) Die „SASTO Spreng-Abräumung" am Lehrter Bahnhof hatte schon ihre Schilder aufgestellt, das Schicksal des Bahnhofs war besiegelt.

10–Vor den Bahnsteigen des Lehrter Bahnhofs, wo einst der „Fliegende Hamburger“ abfuhr, standen 1957 noch die alten Zugrichtungsanzeiger. Der letzte „Sonderfronturlauberreisezug“ war wohl zwölf Jahre zuvor hier abgefahren. Die im Bildhintergrund sichtbare Halle des Lehrter Stadtbahnhofs ist inzwischen auch abgerissen worden.

11–Berlin Stettiner Bahnhof, Ankunftsseite, im Frühjahr 1957. Heute sind nur noch die im Vordergrund befindlichen Straßenbahngleise und das Gebäude des Stettiner Vorortbahnhofs existent.

12–Nochmals der Zustand des Stettiner Bahnhofs 1957, diesmal aus größerer Entfernung.

13 – (oben links) Der Anhalter Bahnhof in Berlin im April 1957. Der Blick auf das Gleisvorfeld war von der Hochbahn aus möglich. Hier begannen und endeten einst die Züge des Fernverkehrs in Richtung Süden.

14 – (oben rechts) Verblaßt war damals bereits das Bahnhofsschild.

15 – (unten links) Drei Jahre später, als Günter Meyer am 3. Januar 1960 nochmals den Anhalter Bahnhof aufsuchte, waren die Abrißarbeiten bereits angelaufen. Vom einst stolzen Berliner Fernbahnhof, von dem man u. a. nach München und weiter nach Rom fuhr, war nur noch ein Rest vorhanden.

16 – (unten rechts) Wer hatte damals (1957) auf das noch vorhandene alte Wappen der „BAE“, der Berlin-Anhalter-Eisenbahn, am zerstörten Bahnhof geachtet?

17 – Die Empfangsseite des Anhalter Bahnhofs im Frühjahr 1957. Die gewaltigen Zerstörungen am Bahnhof und in dessen Umfeld sind zwölf Jahre nach Kriegsende immer noch allgegenwärtig.

18 und 19 – (oben und unten links) Der Görlitzer Bahnhof war im Vergleich zu den anderen Berliner Fernbahnhöfen weit weniger zerstört. Die markante Signalbrücke war ebenso noch vorhanden wie das Empfangsgebäude und die Bahnsteighalle. Im April 1957 zeugten auch hier die alten Zugzielanzeiger noch von den einst hier abgehenden und ankommenden Zügen. „Cottbus – Görlitz – Hirschberg – Breslau" verkündet der Anzeiger, obwohl seit über einem Jahrzehnt kein Zug mehr dorthin gefahren ist.

20 – (oben rechts) Am ehemaligen Bahnbetriebswerk Berlin Görlitzer Bahnhof erinnerte 1957 neben dem zugemauerten Ringlokschuppen in typisch preußischer Backsteinarchitektur nur noch das Emaille-Schild an diese Dienststelle.

21 – Blick auf das Vorfeld des Görlitzer Bahnhofs. Für den Güterverkehr war er noch in Betrieb. Eine preußische T 14 rangiert gerade mit zwei O-Wagen.

22 – Nochmals die markante Signalbrücke des Görlitzer Bahnhofs, die heute eine absolute Rarität wäre, aber aus sicherungstechnischen Gründen der geltenden Fahrdienstvorschrift nicht genügen würde, denn der Durchrutschweg aus beiden Richtungen wäre gleich Null! Beide Aufnahmen entstanden ebenfalls 1957.

24 – (oben) Blick in den zerstörten Potsdamer Bahnhof aus Richtung Potsdam. Lediglich das Gleis 2 ist noch befahrbar.

25 – (unten) Aufnahme am Kilometer 0,4 der „Stammbahn" im Vorfeld des Potsdamer Bahnhofs. Von links nach rechts sind zu erkennen: Wannseebahnhof, Potsdamer Fernbahnhof, Ring- und Vorortbahnhof. Das Gleis 2 ist behelfsmäßig an die freie Strecke angeschlossen.

23 – Der Potsdamer Platz in Berlin im Frühjahr 1957. Gut sichtbar ist die berühmte Leuchtschrift in der Verlängerung der Leipziger Straße. Hinter dem Gerüst der Leuchtschrift sind die Reste des Potsdamer Bahnhofs sichtbar. Links davon das „Haus Vaterland" und das Portal des Anhalter Bahnhofs.

26–Berlin, Köthener Straße im Jahr 1957, mit Blick auf den Potsdamer Ring- und Vorortbahnhof. Die Mauer zwischen Straße und Bahnhofsgelände ist die Sektorengrenze. Im Hintergrund der Wasserturm.

27–Nochmals ein Blick in das Innere des Potsdamer Bahnhofs am 29. April 1957. Im Vordergrund wohl Teile der ehemaligen Aufzüge. Auf dem Bahnsteig, der mit einer provisorischen Holzbrücke verbunden ist, zwei Arbeiter, die Steine putzen.

Sachsenreise

Die sächsischen Strecken gehörten natürlich zu den häufigsten Schienenwegen, die Günter Meyer im Laufe der letzten vier Jahrzehnte fotografiert hat. Bedingt durch die berufliche Tätigkeit vom Bahnunterhaltungsarbeiter über den Dienst als Zugschaffner und Zugführer bis zum Lokheizer und Lokführer waren dort die Möglichkeiten, die verbotene Eisenbahnfotografie zu betreiben, wohl am günstigsten.

Man kannte sich und wußte dann auch im Laufe der Zeit, daß das ungewöhnliche Hobby eine harmlose Angelegenheit war – in Zeiten des „sich immer weiter verschärfenden Klassenkampfes" und der geforderten „proletarischen Wachsamkeit" – so die offizielle Propaganda der damaligen Zeit, eine sehr nützliche Bewertung, um sich nicht ständig dem lästigen Interesse der „Staatsorgane" auszusetzen.

So war denn „Foto-Meyer" auf den Bahnhöfen bald kein Unbekannter mehr. Man ließ ihn ohne Argwohn gewähren, und schuf für manchen seiner Berufskollegen eine heute wertvolle Erinnerung in Form eines überlassenen Fotos. Die Reichsbahn-Uniform war ihm dabei ein sehr wichtiger Helfer und Begleiter: Man konnte sich frei bewegen, die Kollegen fragen und auch den Wunsch nach einem Foto wagen.

Auf den folgenden Seiten folgen wir Günter Meyer auf eine Reihe von sächsischen Strecken, die vor wenigen Jahrzehnten noch den unverwechselbaren Hauch sächsischer Eisenbahnatmosphäre ausstrahlten. Einige der Strecken gibt es heute nicht mehr, oder sie sind so verändert worden, daß ihr einstiger Charakter längst verloren ging.

Als die folgenden Bilder entstanden, war die Eisenbahn im dichtbesiedelten Sachsen mit seinem außergewöhnlich dichten Streckennetz noch unverzichtbar. Betriebsmittel, Bahnhofsanlagen und Verkehrsverbindungen entsprachen noch weitgehend den überkommenen Traditionen, die sich während der industriellen Revolution herausgebildet hatten. Noch gab es auf den Nebenstrecken mit einer Vielzahl von Anschlüssen regen Güterverkehr, mußte eine Vielzahl von Nahgüterzügen und Übergaben gefahren werden, kamen tausende Menschen mit der Eisenbahn früh „auf Arbeit" oder reisten mit ihr in den damals eher bescheidenen Urlaub.

Noch rollten unglaublich lange Güter- und Schichtarbeiterzüge über die Strecken, auf deren Lokomotiven sich die „Schwarzen" mit der miserablen Kohle und anderen Widrigkeiten abquälten – und dennoch gern ihren Dienst als Eisenbahner versahen. Gepflegte Lokomotiven, saubere Bahnanlagen, liebevolle Blumenrabatten an den Bahnwärterhäuschen mit dem obligatorischen „Gute Reise" – allesamt Dinge, die wir heute oftmals vermissen – sind Indizien für den damaligen Zeitgeist.

28– Vor knapp dreißig Jahren war derartig lange Personenzüge im Erzgebirge nichts Außergewöhnliches. P 1743 Aue – Karl-Marx-Stadt hatte am 30. Mai 1966, dem zweiten Pfingstfeiertag, im Bahnhof Burkhardtsdorf mit 86 039 und 58 1324 und einer weiteren G 12 als Schiebelokomotive gleich drei Maschinen.

29 – Eine Sachsenreise muß selbstverständlich am Wohnort des Autors beginnen – und das ist natürlich Aue in Sachsen. Vor dem heimatlichen Bahnbetriebswerk stehen am 22. März 1969 die drei typischen Lokgattungen der „letzten Jahre". Einträchtig und ohne „Diesel-Störer" präsentieren sich an diesem Frühjahrstag 86 122, 58 1970 und die mit Gegendruckbremse für die Eibenstocker Steilstrecke ausgerüstete 94 2087 auf den Freigleisen vor dem Verwaltungsgebäude.

30 – Eisenbahner im Dienst waren immer beliebte Motive. Einerseits konnte man sich damit das Vertrauen (für weitere Aufnahmen der Lok oder des Zuges) der Personale ergattern, andererseits wurden somit wichtige Zeitdokumente geschaffen. Im August 1958 wurden Lokheizer Martin Golde und Lokführer Paul Meichsner auf ihrer 94 2133 fotografiert.

31 – 1969 wurde das Empfangsgebäude des Bahnhofs Aue umgebaut. An der nördlichen Ausfahrt in Richtung Zwickau wartete am 18. Juni Lok 86 035 vor den Kurswagen des D 2141 mit dem interessanten Zuglauf Cranzahl – Werdau, der dort dem D 141 Bad Brambach – Leipzig beigestellt wurde.

32 – Zwei Jahre zuvor entstand die Aufnahme von 58 407, die den D 273 nach Berlin bespannte. Die zwei Doppelstockgliederzüge boten 1240 (!) Sitzplätze. In Bildmitte eine 86 am P 4219 Johanngeorgenstadt – Leipzig und rechts ein Leerzug aus Behelfspersonenzugwagen der Gattung MCi.

33–Die Reise führt uns zunächst nach Zwickau und Werdau, alles traditionelle Wendebahnhöfe Auer Maschinen. Als das Bw Aue noch zu den G 12-Hochburgen gehörte, waren derartige Begegnungen alltäglich. Bei Fährbrücke entstand am 6. Juli 1968 diese Begegnung zweier 58er. Die talwärts fahrende 58 1810 hat soeben das Stellwerk 2 in Fährbrücke passiert.

„Verbotene Reichsbahn" – das war in den Nachkriegsjahren der Bahnhof Niederschlema mit seinem Uranerzbunker. Fotografieren an dieser Stelle war immer gefährlich, denn derartige Aufnahmen – noch dazu heimlich gemacht – boten immer Verdachtsmomente der Spionage, zumal es sich um die sensible Rüstungsindustrie handelte.

34–(oben links) Am 2. Juli 1961 fotografierte Günter Meyer Lok 89 6201 heimlich am Uranerzbunker. Sein Interesse galt aber eher der Maschine, die ein Außenseiter im Lokpark des Bw Aue war.

35–(oben rechts) Nicht anders war das Fotografieren von der 89 7569, die der Meister bereits am 2. Januar 1954 im Bf Niederschlema aus dem fahrenden Zug „schoß", motiviert. Die Maschine, 1897 in Floridsdorf erbaut, trug einst die Nummer 97.106 und kam später zur Reichsbahn, die ihr dann diese Nummer gab.

36–(unten rechts) Ein weiterer Außenseiter am Niederschlemaer Erzbunker wurde 1962 fotografiert, ebenfalls heimlich aus dem fahrenden Zug. Diesmal war es 89 931, die einen Ommr „Linz" mit der irreführenden Bezeichnung „Grundstoff-Industrie-Pendel" am Haken hatte. Diese Bezeichnung war für den Uranerzbergbau bestimmt und sollte dem „Leser" dieser Anschrift den wahren Sachverhalt verbergen.

37 – (links) Wiesenburg in Sachsen kennen heute fast alle Eisenbahnfreunde: Die markante Signalbrücke hatte stets die Fotografen angezogen. Früher stand aber unmittelbar am Bahnübergang die Wasserstation, die, für sächsische Verhältnisse üblich, in einem Gebäude untergebracht war, an dem der Ausleger des Wasserkranes in unmittelbarer Gleisnähe befestigt war. Am 17. Juni 1966 löschte dort 58 2097 ihren Durst.

38 – (oben) Der nächste größere Bahnhof ist Wilkau-Haßlau. Ein Blick vom Dach des Packwagens auf den Tender und den Führerstand des „Rollwagens" 38 275 dürfte selbst im August 1958 nicht alltäglich gewesen sein. Neben den Braunkohlenbriketts hatte die Maschine auch einige Brocken „guter" Steinkohle auf dem Tender. Den heimlichen Fotografen wohl nicht bemerkend, schauen Lokführer und Heizer auf die Reisenden.

39 – (oben links) Wilkau-Haßlau im Februar 1969. Während links eine G 12 mit dem Nahgüterzug 9176 Aue – Zwickau gerade Last aufnimmt, donnert 58 1320 mit dem Dg 7726 durch den verschneiten Bahnhof.

40 – (oben rechts) Der Rollwagen war viele Jahre auf dem Wilkauer Bahnhof heimisch. Im August 1958 wartete dort 38 275, pflichtgemäß an der Rauchkammer mit einem Emblem der „Deutsch-Sowjetischen Freundschaft“ versehen, auf die Ausfahrt nach Aue. Damals hatten die „sächsischen Klassen“ noch die schönen langen Trittbretter.

41 – (unten rechts) Nicht vergessen werden darf eine Aufnahme von der in Wilkau-Haßlau nach Carlsfeld beginnenden Schmalspurbahn. Am 6. August 1965 begegneten sich dort 86 040 mit dem P 1446 nach Johanngeorgenstadt und 99 589 mit dem Gmp 11642 nach Schönheide-Süd (Wilzschhaus).

42 – Im herrlichen Seitenlicht eines Novembertages nutzte Günter Meyer die Möglichkeit zum Ablichten seiner 58 1094 in Wilkau-Haßlau, die den N 9173 nach Zwickau beförderte (18. November 1967).

43–Unmittelbar danach kam es in Wilkau-Haßlau zur Begegnung zweier G 12. Während 58 1094 mit ihrem Nahgüterzug nach vorn zieht, passiert 58 1454 mit einem Güterzug nach Aue in voller Fahrt den Bahnhof.

44–Über zehn Jahre zuvor, im August 1958, beherrschten noch die sächsischen Rollwagen mit den Behelfspersonenzugwagen die Bahnhofsszene in Wilkau-Haßlau. Lok 38 253 hat schon die neue Speisepumpe erhalten, hingegen fehlt der Rauchkammerzentralverschluß.

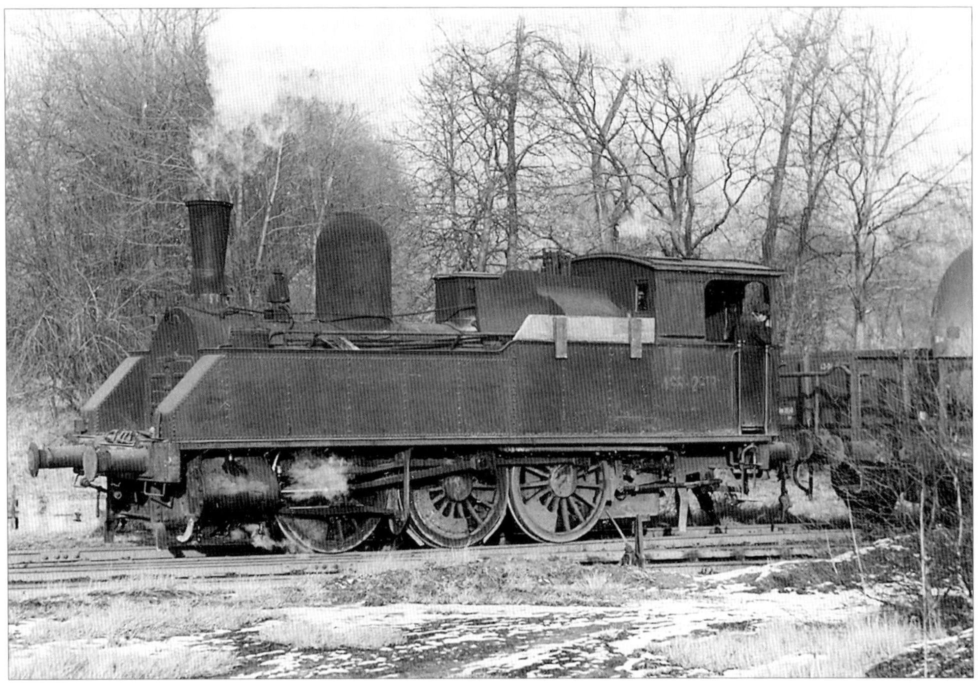

Rund um Zwickau gab es stets eine ganze Reihe interessanter Werkbahnen und Anschlüsse. Das Fotografieren dieser Bahnanlagen war noch weit schwieriger, denn die Bediensteten merkten sofort, wenn ein „frecher Spion“ bei ihnen eindrang oder ein heimliches Gelegenheitsfoto schoß.

45 – (oben links) Sächsische VT konnten noch 1965 auf der Oberhohndorf-Reinsdorfer Kohlenbahn fotografiert werden. Am 25. Juni 1965 rangiert 89 293 an der Ruine des Wilhelmschachtes 1.

46 – (unten links) Am Zwickauer Bürgerschacht an der Planitzer Kohlenbahn war noch im Dezember 1952 Lok „Planitz“, Hartmann 1540/1888, anzutreffen, die die Werksnummer 468-2-13 trug.

47 – (oben rechts) Am Bahnhof Schedewitz in Zwickau stand der Lokschuppen der Oberhohndorf-Reinsdorfer Eisenbahn. Dort rangierten im Juni 1965 die Loks 89 293 und 94 2089.

48–(oben rechts) Nur kurze Zeit waren die Neubautenderloks der Baureihe 83 im Bw Aue beheimatet. Mit diesen wenig beliebten Loks wurden Reisezüge zwischen Johanngeorgenstadt und Zwickau gefahren. Am 7. September 1969 fotografierte Günter Meyer 83 1007, auf der er an diesem Tag als Heizer seinen Dienst versah.

49–(unten links) Ein heimlicher „Schuß" aus der Hintertür des Zwickauer Lokschuppens auf 94 2004, die an diesem Sommertag des Jahres 1964 zur Bedienung der Wagenwäsche eingesetzt war.

50–(unten rechts) Lokomotivführer Windisch vom Bw Aue hatte natürlich nichts dagegen, wenn sein „Geselle" die Lok fotografierte. 58 1666 beförderte am 19. Juli 1968 einen Güterzug nach Aue und steht abfahrbereit auf der Hochanlage in Zwickau Hbf am Stellwerk 8.

Diese Doppelseite zeigt die einstmals moderne Traktion, die u. a. vor rund 25 Jahren in Zwickau Hbf anzutreffen war.

51 – (oben links) Die der Nummer nach dienstälteste E 94 der Reichsbahn war kurz vor dem Jahreswechsel am 21. Dezember 1969 im Zwickauer Güterbahnhof anzutreffen.

52 – (unten links) Als Ersatz für den ausgefallenen ET 25 012 setzte die DR eine E 04 mit vier Schnellzugwagen ein. Bei einer solchen Gelegenheit erwischte Günter Meyer E 04 02 am 9. Juli 1968.

53 – (unten rechts) Von der Hochanlage des Zwickauer Güterbahnhofs konnte man relativ „geschützt“ dem verbotenen Hobby nachgehen. Im Sommer 1965 gelang dabei die Aufnahme der E 18 31.

54 – Der rote ET 25 012 war schon während seines planmäßigen Einsatzes ein Einzelgänger und somit ohne Zweifel eine Rarität. Am 4. August 1968 ist er in Zwickau Hbf gerade als D 272 Leipzig – Zwickau angekommen, um als D 275 wieder über Leipzig nach Halle zu fahren.

55 – (oben links) Bahnhof Werdau am 2. August 1968. Neben dem soeben eingefahrenen E 265 aus Erfurt zur Weiterfahrt nach Zwickau wartete 86 608 auf den verspäteten D 142 aus Berlin, um die Kurswagengruppe als D 2142 nach Cranzahl zu befördern.

56 – (unten links) Wenig später ist es soweit, und der verspätete D 2142 nach Cranzahl fährt aus. Lok 58 1185 spannte dem aus drei Wagen gebildeten Zug noch vor.

57 – (oben rechts) Der zuvor aus Erfurt/Gera eingefahrene E 265 war mit der bestens gepflegten V 180 059 vom Bw Gera bespannt. Lokführer Rahmig vom Bw Gera war stolz auf seine damals hochmoderne Lok, die ob ihrer eigenwilligen Stirnpartien „Starfighter" hieß.

Von Werdau war es nicht mehr weit nach Leipzig. Als Zugführer kam Günter Meyer regelmäßig in den monumentalen Kopfbahnhof. Dort hat er vor allem nachts die Möglichkeit zum Fotografieren ausgiebig genutzt. Bevor wir aber auf der folgenden Doppelseite den Kopfbahnhof näher vorstellen, noch einige Aufnahmen, als in Leipzig T 16 und ihre verstärkte Nachfolgerin noch nützliche Dienste leisteten.

58–(links oben) Glückstreffer aus dem fahrenden Zug in der Nähe von Leipzig-Connewitz. 1962 waren dort noch Maschinen mit Behelfsrauchkammertür anzutreffen.

59–(oben rechts) Kaum vorstellbar, was man 1959 noch in Leipzig erleben konnte. Eine echte T 16 - 94 484 vom Bw Plagwitz – rangiert vor der Ladestelle II der LP-Linie (sächsische Bahn Connewitz – Plagwitz) in der Elisabethallee.

60–(unten rechts) Wenig später fotografierte der Meister in der Gießerstraße dieselbe Lok zwischen der Fabrikarchitektur spätwilhelminischer Zeit. Rechts im Bild weht an diesem 8. Mai 1959, dem „Tag der Befreiung“, die rote Fahne.

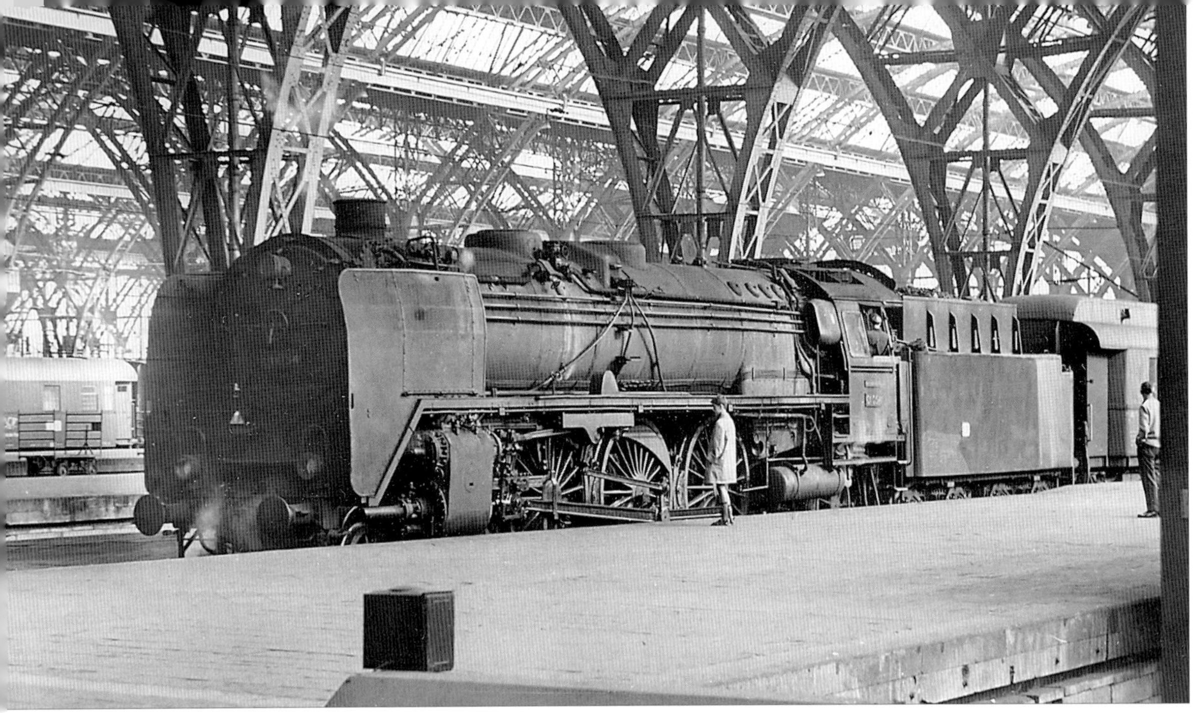

61–(oben links) 01 054 am 20. August 1967 im Leipziger Hauptbahnhof. Für das junge Mädchen, das sich offenkundig für das Triebwerk der Schnellzuglokomotive interessiert, gilt wohl nicht das damals vielfach praktizierte „Auch Ansehen verboten!“

62–(unten links) In der Nacht vom 25. zum 26. September 1965, dem Tag des Fahrplanwechsels, wurde 38 3171 angetroffen. Die Bag-Wagen waren damals durchaus „modern“.

63–Bei der Einfahrt in den Leipziger Hauptbahnhof boten sich immer Gelegenheiten, aus dem Fenster eines leeren Abteils oder einer Toilette (da war man mit Sicherheit allein) ein verbotenes Bild zu machen. 1962 wurde 80 003, die damals mit ihren Schwestermaschinen noch den Rangierdienst besorgte, fotografiert. Kurz danach waren die Loks schon Raritäten, da sie von den importierten Dieselloks der Baureihe V 75 abgelöst wurden.

64–21. August 1967, 0.28 Uhr, eingefahren ist der Postzug nach Eisenach mit 03 212, die damals noch nicht das „Dreilichtspitzensignal“ trug.

65–17 Minuten später wurde 03 083 abgelichtet, die mit einem Schnellzug am Gleis 3 eingefahren war. Auf Gleis 2 ist eine weitere 03 vor einem Doppelstockgliederzug erkennbar.

66–Eine Rarität ist dieses Bild vom 4. April 1953. Vor der kriegszerstörten Halle des Leipziger Hauptbahnhofes wartet die beim Bw Altenburg stationierte 62 012 am P 4226 nach Altenburg.

67–Silvester 1968. Während andere Menschen feucht-fröhlich feiern, ist Günter Meyer wieder einmal in Leipzig. Am Abend lief dort gerade 55 3545 mit P 1381 aus Zeitz ein.

Auf den folgenden Seiten folgen wir Günter Meyer auf einer Reise von Aue nach Karl-Marx-Stadt, dem heutigen Chemnitz.

68 – (oben links) Für die durchgehenden Züge von Adorf über Aue nach Karl-Marx-Stadt gab es am Gleis 5 des Bahnhofs in Aue einen Wasserkran und eine Ausschlackstelle, damit die Maschinen nicht extra in das Bahnbetriebswerk fahren mußten. Am 10. April 1967 warteten dort 58 1324 und 94 2055 auf die Ausfahrt.

69 – (unten links) Blick aus der 86 122, die am 5. März 1969 den P 1747 Aue – Karl-Marx-Stadt am Lößnitzbach in Höhe des Auer Stadions am ehemaligen Posten 52 CA nachschiebt. Den hinteren Zugteil brachte die Schiebelok als P 1730 von Zwönitz wieder nach Aue.

70 und 71 – (oben und rechte Seite) Am 6. Mai 1968 entgleiste im Anschluß Buchenberg bei Aue 94 2128 mit der letzten Achse. Beide Bilder zeigen den Einsatz der Hilfszugmannschaft.

94 2128

72 a/b – (links) Die wenigen bei der DR nach 1945 verbliebenen badischen Tenderloks der Gattung IV b waren selbstverständlich Raritäten, denen Günter Meyer nachstellte. Ostern 1955 hatte er Glück und fotografierte 75 264 in Zwönitz ob Bahnhof, als das Personal gerade nicht an der Maschine war. Das untere Foto entstand bei der Ausfahrt aus Lößnitz ob Bahnhof am Leig (Leichter Güterzug) Karl-Marx-Stadt Süd – Aue, der damals täglich verkehrte. Diese Zuggattung gibt es heute nicht mehr.

73 – 52 105 vom Bahnbetriebswerk Aue bespannte am 9. Juni 1969 den Nahgüterzug 65351 nach Karl-Marx-Stadt-Hilbersdorf. In der Frühsonne wurde der Zug am Kilometer 49,5 nahe dem Wismut-Anschluß Buchenberg fotografiert.

74–(oben links) Bahnhof Zwönitz am 12. August 1965. Von links nach rechts: N 9068 Hilbersdorf – Aue mit 58 1666, P 1573 Aue – Karl-Marx-Stadt, P 1762 Karl-Marx-Stadt – Adorf/Vogtl. mit 86 444 und P 3845 Zwönitz – Stollberg, von dem nur die Rauchwolke zu sehen war.

75–(oben rechts) Zugschaffnerin Margitta Göthel im Bahnhof Thalheim im August 1962 auf dem Trittbrett eines C 4 Sa 11. Gut sichtbar im Abteil die der Körperform angepaßten Eschenholzlatten einer 3.-Klasse-Bank. Noch gab es die schönen alten Gepäcknetze und die amerikanischen Drehgestelle.

76 – An einem Frühlingstag des Jahres 1964 fotografierte Günter Meyer auf der Südseite des Zwönitzer Bahnhofs 75 508. Die Stollberger Lok hatte eine bewegte Vergangenheit. Bei den Königlich Sächsischen Staatseisenbahnen als XIV HT 1841 in Dienst gestellt, gelangte sie nach 1918 zu den PKP und erhielt dort die Nummer OK1 101-7, kam während des Zweiten Weltkrieges wieder zur Reichsbahn und wurde dort als 75 508 eingereiht.

77 und 78 – (links) Einfahrt Karl-Marx-Stadt im Juni 1964. Vom fahrenden Arbeitsplatz des Fotografen der Blick auf 94 2130 mit einer G 12 an einem Güterzug in Richtung Zwickau und wenig später ein typischer sächsischer Vorortzug mit 75 547.

79 – (oben) Ankunft im Hilbersdorfer Rangierbahnhof. Aus der 86er der Blick auf 94 2062, die hier als Rangierlok tätig ist.

80 – Im Sommer 1963 konnte dieser sächsische Veteran noch auf den Karl-Marx-Städter Bahnhöfen beobachtet werden. Die als 98 7051 (Zweitbesetzung) bezeichnete Lokomotive erblickte unter der Fabriknummer 1745 im Jahre 1891 bei Hartmann das Licht der Eisenbahnwelt. Als Lok der Gattung VII T erhielt sie die Nummer 898 mit dem Namen „Gutenberg", ab 1892 die Bahnnummer 1449 und wurde von der DRG als 98 7069 eingereiht. Nachdem sie 1931 Werklok im Raw Chemnitz wurde, gliederte die Reichsbahn die Lok 1953 wieder in den Betriebspark ein und gab ihr die Nummer 98 7051. Die Aufnahme entstand an der alten Gasanstalt zwischen dem Hauptbahnhof und dem Bahnbetriebswerk.

81 – Am Stellwerk „V 2" des Karl-Marx-Städter Hauptbahnhofes trafen sich am 18. Juni 1968 58 1933 und 58 1934. Während 58 1933 für die bevorstehende Rückfahrt nach Aue noch die Wasservorräte ergänzte, rollte ihre Schwesterlok in das Bahnbetriebswerk.

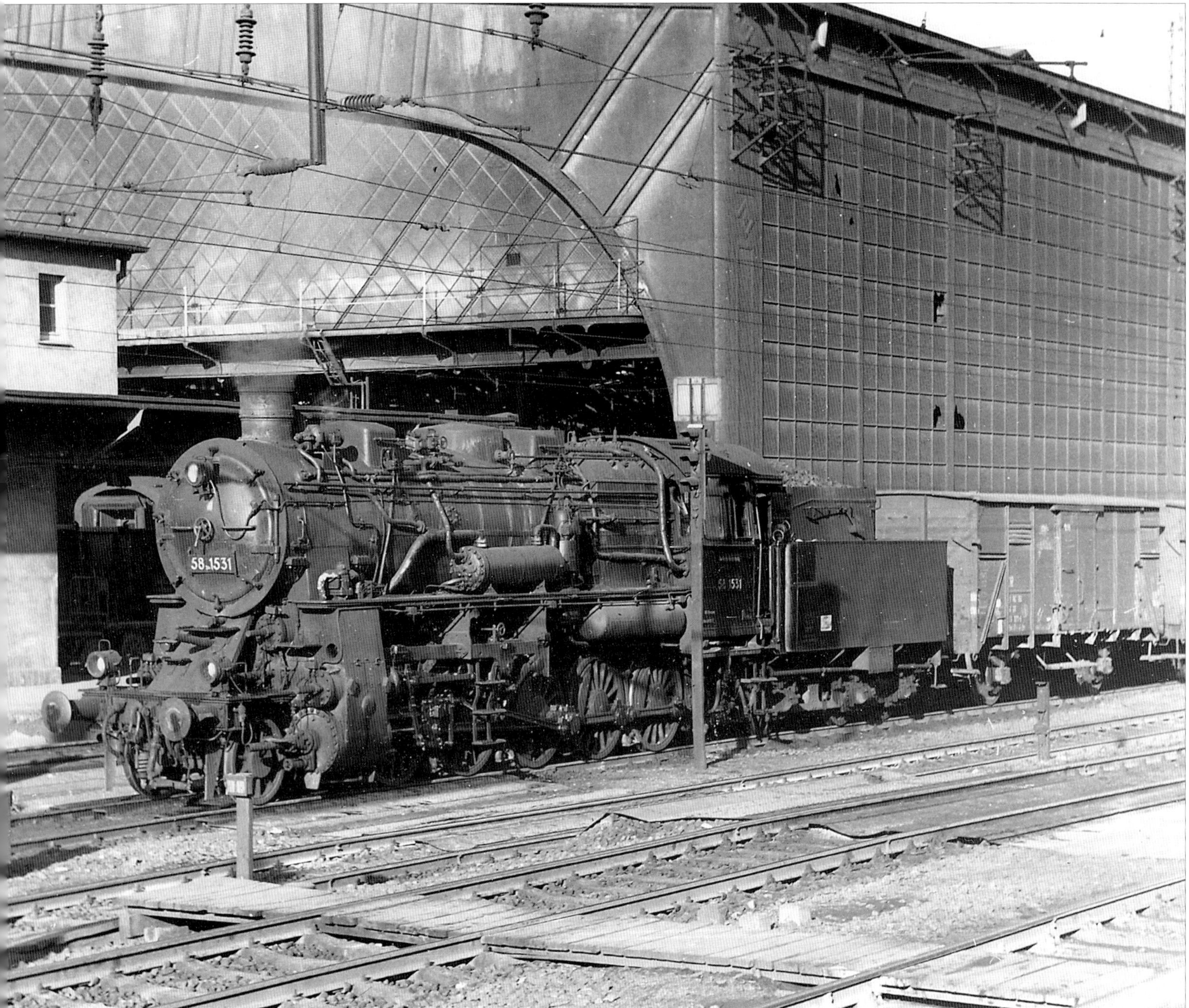

82 – Am Ausfahrsignal an der alten Bahnhofshalle in Karl-Marx-Stadt wartet am 1. Dezember 1968 Lok 58 1531 auf die Weiterfahrt. Die monumentale Bahnhofshalle wurde wenige Jahre später durch einen Neubau ersetzt.

83 – (oben links) Ebenfalls an der Bahnsteighalle wurde im Sommer 1963 die augenscheinlich gut gepflegte 58 2108 fotografiert. Gut versteckt wählte der Fotograf seinen Standort vom Bahnsteig vor der Zuglok des Personenzuges nach Aue.

84 – (unten links) Eine weitere Rarität erwischte Günter Meyer am 9. August 1957 im Hauptbahnhof des gerade wenige Jahre zuvor in Karl-Marx-Stadt umbenannten Chemnitz. Eine sächsische VII TS, 1890 von Hartmann gebaut, erhielt ab 1892 die Bahnnummer 1512, wurde Werklok „Fritz" im Raw Chemnitz, erhielt später die Nummer 98 1512 (!) und danach die Betriebsnummer 98 7085.

85 – (oben rechts) Einen Blick auf die alte Bahnsteighalle ermöglicht auch diese Aufnahme vom Juni 1961. Hinter Gepäckwagen getarnt, wurde der Personenzug nach Döbeln, der mit 38 226 und 38 1298 bespannt war, aufgenommen. Neben den Gleisen sind noch die Gasfüllstutzen für die Versorgung der Wagen mit „Leuchtstoff" gut sichtbar.

86–Die folgenden beiden Doppelseiten zeigen Aufnahmen von der Strecke Aue – Johanngeorgenstadt. 58 1320 rollte am 6. April 1968 mit P 1751 aus Johanngeorgenstadt in Aue ein.

87–Im Februar 1969 wartete 58 1666 im Bf Antonsthal mit dem Nahgüterzug 9292 nach Johanngeorgenstadt auf Ausfahrt.

88–Im täglichen Einsatz konnten 1959 noch diese alten Wagen in Zügen auf der Strecke nach Johanngeorgenstadt beobachtet werden. Am 21. März des Jahres war 58 462 mit P 3118 bei Aue unterwegs.

89–Halt des P 3138 am 3. März 1969 in Erlabrunn. Bevor die Reisenden die MCi-Wagen verlassen hatten, war für den Heizer ausreichende Gelegenheit, unbemerkt den Auslöser der Kamera zu betätigen.

90 – Was gab es 1968 noch alles zu beobachten! Lok 58 1933 vom Bw Aue, besonders auffällig durch die selbsthergestellte Tenderstirnwand zum Schutz des Personals bei den vielen Rückwärtsfahrten, war an diesem Junitag mit dem Dstp 03 681 von Schwarzenberg nach Aue unterwegs. Der Dienstpersonenzug diente der Bahnmeisterei in Aue. Der Wagen war ein BC Sa 17 mit Abteilen der 2. und 3. Klasse.

91 – Lokführer Hermann Richter und Lokheizer Ludwig am 14. Juli 1968 hatten auf der 94 2128 vom Bw Aue natürlich nichts gegen ein Foto ihres Kollegen, auch wenn damals dafür eine Genehmigung erforderlich war. Dank dieser Kollegialität vieler Eisenbahner entstanden in den Zeiten des Fotografierverbotes eine Vielzahl wertvoller Aufnahmen.

92 – Diese Aufnahme vom 11. Mai 1958 in Lauter spricht Bände! An jenem Tag wurde mit einem Sonderzug das 100-jährige Bestehen der Strecke Zwickau – Schwarzenberg begangen. Trotz eines mit Karabiner bewaffneten Bahnpolizisten konnte man zu einem solchen Anlaß fotografieren, obwohl die Feierlichkeit im Umfeld des DDR-Uranerzbergbaues stattfand, und da mußten natürlich die Fahrtteilnehmer vor möglichen „subversiven Angriffen des Klassengegners“ geschützt werden. Lok 98 7051 war ohne Luft, und somit der Zug handgebremst. Heute wäre diese Komposition eine unschätzbare Rarität jeder Museumsbahn.

93 – Von Aue nach Adorf, dem südlichen Teil der alten sächsischen CA-Linie (Chemnitz – Adorf), führen uns die nächsten Seiten. Diese Strecke hat Günter Meyer besonders häufig ob ihrer Vielfalt und landschaftlichen Reize im Bild festgehalten. Am 5. September 1967 fotografierte er in unmittelbarer Nähe seiner damaligen Wohnung am Posten 54 CA den ausfahrenden P 1726 Aue – Adorf mit dem Rollwagen 38 351. Eigentlich hätte eine nagelneue V 180 vom Bw Karl-Marx-Stadt am Zug sein müssen, die war aber damals „planmäßig" kaputt. Bemerkenswert auch die vorbildliche Feuerführung des Heizers, der im Gegensatz zu späteren „Plandampf"-Unsitten keinen unnötigen Qualm fabrizierte.

94–Im Juni 1953 beobachtete unser Autor gut versteckt die eingefahrene 38 204 (Zweitbesetzung), die, soeben aus Karl-Marx-Stadt kommend, mit dem D 104 (Karl-Marx-Stadt – Aue, Mo + Sa von Dresden) eingelaufen war. Die Lok lief vor dem Zug (als P 1734) weiter nach Adorf und mußte deshalb am Bahnsteig ihre Wasservorräte ergänzen. Hinter der Lok einer der seltenen PwPosti Sa 17/33 mit Postabteil und Briefkasten.

95 – Wer kann sich noch daran erinnern, daß es zwischen Aue und Bockau am Kilometer 57,8 CA einen Haltepunkt für die Wismut-Schichtzüge gab? In der typischen Holz-Architektur der ersten Wismutjahre entstanden, existierte dieser Haltepunkt nur bis 1957. Im Jahr 1954 war es nicht ungefährlich, diese Anlagen zu fotografieren. Der Güterzug ist mit einer XI HT und 86 059 bespannt.

96–Im Frühjahr 1955 wurde am Blocksignal Abzweig Auerhammer der Personenzug Aue – Adorf mit 86 032 fotografiert. Die Lokomotive trug am Wasserkasten eine für damalige Zeiten übliche Parolen-Beschriftung. Der Reisende konnte lesen: „Der IV Parteitag ein Markstein zur Festigung unserer Arbeiter- und Bauernmacht!“

97–An der Blockstelle Aue Süd fotografierte der Meister am 5. April 1960 den Nahgüterzug 9065 von Aue nach Jägersgrün (Tannenbergsthal). Bemerkenswert an der Zuglok 94 2048 ist die Ausrüstung mit zwei Injektoren.

98–Das Fotografieren des Hilfszuges war immer eine außergewöhnliche Angelegenheit, aber auch nicht ganz ungefährlich, denn das Ereignis – ob nun schwerwiegend oder nur eine belanglose Entgleisung – sollten nach altem DDR-Verständnis möglichst wenige Menschen mitbekommen, Fotos waren da von Privatpersonen gänzlich unerwünscht. Am 27. April 1968 nutzte aber Günter Meyer die Gelegenheit, als im Anschluß Günther & Richter zwischen Bockau und Blauenthal der Auer Hilfszug mit 94 2128 vorm ehemaligen Hamburger Doppelwagen 801/802 aus dem Jahre 1912 zum Einsatz kam.

99 – Zwei Loks der Reihe XI HT mit einem schweren Güterzug, unterwegs zwischen Aue und Bockau. Es führt 94 2106. Im Bild nicht sichtbar ist eine nachschiebende 86 vom Bw Aue. Die Aufnahme entstand 1955.

100 – Sächsische Nebenbahnromantik pur! Solchen Zuggarnituren, von denen die Reisenden wahrlich nicht begeistert waren, konnte man noch Ende der sechziger erleben und fotografieren. Die Bahnhofsszene vom 14. August 1967 in Bockau (Erzgeb) zeigt P 1712 von Aue nach Eibenstock unterer Bahnhof, der mit einer Lok der Baureihe 86 bespannt ist.

101 – Gerade erst wenige Wochen in Dienst war am 6. Juni 1967 die Karl-Marx-Städter V 180 214, als sie am P 1726 (Aue – Adorf) in Wolfsgrün fotografiert wurde.

102 – (unten) Vor Abfahrt mußte die damals modernste Diesellok der DR aber erst die Zugkreuzung mit dem Nahgüterzug 9053 aus Schönheide Süd abwarten, der an diesem Tag mit 94 2010 bespannt war.

103 – (rechts) Bahnhof Blauenthal am 12. Februar 1967. Probefahrt mit der neuen Baureihe V 180 auf der Strecke Aue – Adorf. Mindestens drei Eisenbahner sind auf dem Führerstand der Lok und lassen den Fotografen offensichtlich gewähren, der die damals ungewöhnliche Bespannung für die Nachwelt festhält.

104 – (rechts unten) Bahnhof Blauenthal im Winter. Von 86 151 ist an diesem Januartag 1969 kaum noch etwas zu sehen.

105 – Der wohl bekannteste Zwischenbahnhof der Strecke Aue – Adorf war Eibenstock unt Bf mit der zum oberen Bahnhof führenden Steilstrecke. Bis zur Einstellung des Betriebes zum Winterfahrplan 1975 wegen des Talsperrenbaus waren dort die Loks der Reihe XI HT (DR-Baureihe $94^{20\text{-}21}$) im Einsatz. Am 15. Februar wurde die Szenerie des Bahnhofs von zwei Loks der Baureihe 86 beherrscht. Links steht 86 622 mit Lp (Leerpersonenzug) 1716 nach Jägersgrün und rechts 86 758 mit P 1720 nach Adorf.

106 – Am 18. Mai 1969 herrschte dort noch das alte Flair der Reichsbahn, sieht man vom modernen Packwagen ab, der der Üb 16 682 nach Eibenstock ob Bf mit der schiebenden 94 2087 beigegeben war. Mit den eingesetzten Behelfspersonenzugwagen mußten die Reisenden hier noch zwei Jahre auskommen.

107 – (unten) Am 20. April 1969 war die Strecke von Aue nach Eibenstock Schauplatz für den Film „St. Urban". Der dafür zusammengestellte Sonderzug mit 94 2087 wurde aus Wagen gebildet, die den einstmals gefahrenen Schichtzügen für den Uranbergbau nach 1945 ähnelten. Bei einem Zwischenhalt in Eibenstock unt Bf hat Heizer und Fotograf die Maschine mit „Atom-Express" beschriftet.

108 – (rechts) Wer je auf einer Dampflok seinen Dienst verrichtete, wird diesen Blick kennen und schätzen. Das eindrucksvolle Motiv vom Arbeitsplatz des Fotografen aus entstand am 8. Februar 1965 auf Lok 86 040, die den P 1719 von Jägersgrün nach Aue durch die tiefverschneite erzgebirgische Landschaft zog. Links eine Barke des Einfahrsignals des Bf Wolfsgrün.

109 – Mutter, Tochter und Enkelkind waren in den fünfziger Jahren noch auf die Eisenbahn angewiesen. An diesem Augusttag des Jahres 1958 steht der P 3220 nach Eibenstock ob Bf am Bahnsteig des unteren Bahnhofs. Am Prellbock eine Lok der Reihe XI HT, die den Zug bergwärts schob. Der Spitzenwagen diente dem Zugführer zur Beobachtung der ungesicherten Wegübergänge.

110–(unten links) Umladen des Expressgutes auf dem unteren Bahnhof in Eibenstock. Der Packwagen 730-118 war ein Pw Sa 10.

111–(oben rechts) Im Wald zwischen dem unteren und dem oberen Bahnhof in Eibenstock drückte 94 2128 im August 1967 ihren Zug bergwärts.

112–(unten rechts) Das Lokpersonal der 86 119 im August 1958 in Eibenstock unt Bf Lokführer Wilhelm Görisch trug wegen seiner Ähnlichkeit mit dem damaligen DDR-Präsidenten den Spitznamen „Pieck“. Links Lokheizer Kurt Staab. An der Lok gut erkennbar der sogenannte Lunin-Wimpel, der die Aufschrift „In persönlicher Pflege“ trug.

Die vier winterlichen Aufnahmen von den Bahnhöfen Eibenstock unt Bahnhof, Schönheide Ost, Schöneck und Tannenbergsthal belegen, daß der Winter im Erzgebirge hart und recht lang sein kann.

113 – (oben links) Noch im März 1970 mußte 86 551 den hohen Schnee pflügen. Damals war noch der alte Klima-Schneepflug aus Aue im Einsatz, der aus einer österreichischen 160 hergerichtet worden war. Die 1'C h2v-Lok besaß auch noch ihre Zylinder, wobei sie auf der Niederdruckseite Flachschieber hatte.

114 – (unten links) Im ehemaligen Bahnhof Schönheiderhammer, der in Schönheide Ost umbenannt wurde, herrschten am 6. Februar 1965 für das Erzgebirge normale Schneeverhältnisse. 86 236 mit P 1720 Aue – Adorf und 86 040 mit Lp 1716 nach Tannenbergsthal warteten damals auf Weiterfahrt.

115 und 116 – (unten rechts und rechte Seite) Ungewöhnlich dagegen waren die Schneeverhältnisse am 13. März 1965. Gewaltige Schneemassen verwandelten die Gleise des Bahnhofs Tannenbergsthal und Schöneck in „Kanäle", in denen 86 411 vor dem P 1717 Adorf – Karl-Marx-Stadt bei schönstem Winterwetter vor den sächsischen „Klassen" auf die Weiterfahrt wartete.

86 411

117 – (links) Eine wohl einmalige Aufnahme gelang Günter Meyer an seinem Arbeitsplatz am 21. April 1969, als er aus der Schiebelok 86 039 die Zuglok 94 2087 und Vorspannlok 86 773 fotografierte. Die drei Loks mühten sich am Gleisjochzug 18 136 Hohenbocka – Zwotental ab. Die Aufnahme entstand kurz vor dem Bahnhof Schönheiderhammer.

118 – (unten) Die Nahgüterzüge von Aue in Richtung Adorf waren lange Jahre eine Domäne der XI HT. Am 14. Juli 1967 war 94 2128 gerade mit dem N 9054 Aue – Wilzschhaus in Schönheiderhammer eingetroffen. Damals hatten diese Züge noch einen Packwagen, der mit einem Schaffner besetzt war.

119 – Der Bahnhof Schönheide Süd, früher Wilzschhaus, am 10. September 1966. Der rege Betrieb an diesem Tag ist heute längst Vergangenheit. Obwohl nach Carlsfeld der letzte Reisezug bereits vor Monaten (21. Mai 1966) abfuhr, herrscht auf den ausgedehnten Anlagen ein reges Treiben. Für den noch verkehrenden Güterzug nach Carlsfeld, bespannt mit einer IV K, hat die Kö gerade zwei Kohlewagen auf die Rollwagen geschoben. Lok 99 605 setzt soeben um; später wird sie mit dem Personenzug in Richtung Rothenkirchen fahren. Der Packwagen wird von einem Eisenbahner beladen, der mit der einst allgegenwärtigen Bahnhofskarre das Stückgut über die Bahnsteige zieht.

120 – Nochmals der Bahnhof Schönheide Süd, aufgenommen vom selben Standort, allerdings ein halbes Jahr später. Vor der Rollgrube wartet am 15. Februar 1967 die IV K 99 592 auf ihre nächsten Aufgaben, während rechts auf dem Normalspurteil des Bahnhofs eine XI HT mit dem Nahgüterzug aus Aue eingetroffen ist.

121 – Blick auf die südliche Einfahrt des Bahnhofs Schönheide Süd aus Richtung Muldenberg. Am 12. Juli 1959 rollt gerade der P 1749 aus Adorf zur Weiterfahrt nach Karl-Marx-Stadt ein. Zuglok ist 86 622, die fünf sächsische „Klassen" und einen Packwagen am Haken hat. Ein Teil der Abteilwagen besaß damals noch die schönen durchgehenden Trittbretter.

122 – Die nördliche Bahnhofseinfahrt von Schönheide Süd war nicht minder fotogen. Von der Brücke der Schmalspurbahn nach Wilkau-Haßlau hatte man einen schönen Blick auf die von Eibenstock heranführende Strecke. Am 10. September 1966 fuhr 94 2136 mit dem N 9056 aus Aue ein. Im Zug waren Wagen mit Kohle für den Übergang auf die Schmalspurbahn.

123 – Winter 1967 im Bahnhof Schönheide Süd. 86 755 vom Bw Aue mit dem P 1719 aus Tannenbergsthal, dem ehemaligen Jägersgrün, am Bahnsteig. Hinter dem Empfangsgebäude der Schmalspurteil in Richtung Carlsfeld und Wilkau. Die hier gezeigte Zuggarnitur mit den Behelfspersonenzugwagen war für viele Jahre im Erzgebirge und auf den vogtländischen Strecken typisch.

124 – Im Personenverkehr von Schönheide Süd nach Carlsfeld hatten seit dem 21. Mai 1966 die Schmalspurzüge bereits ausgedient. Der VEB Kraftverkehr Rodewisch übernahm ab diesem Zeitpunkt infolge des „Verkehrsträgerwechsels" die „Beförderungsaufgaben". Der am 10. September 1966 eingesetzte H 6-Bus war zwar keine Rarität, aber schon damals nicht mehr überall zu sehen.

125 – Hochbetrieb am 14. Mai 1969 im Bahnhof Muldenberg. Kaum vorstellbar, was sich damals hier alles traf: Vorn links rollt VT 2.09 021 mit VB 2.07.521 als T 4026 Zwickau – Klingenthal gerade in den Bahnhof. Ganz hinten im Bild auf Gleis 1 P 1717 Adorf – Aue – Karl-Marx-Stadt mit der Zuglok 86 444. Auf Gleis 2 Pmg 4031 Muldenberg – Falkenstein mit 86 440. Rechts im Bild 75 550 mit einem Arbeitszug und daneben der N 9051 Muldenberg – Aue, der mit 86 773 bespannt ist und noch umgesetzt wird.

126 – Am 6. Oktober 1965 trafen sich in Muldenberg die beiden „Sachsen“ 75 558 und 94 2005. Letztere hatte zum Aufnahmezeitpunkt keine Speisepumpe und deshalb auch keinen Vorwärmer. Mit zwei Strahlpumpen konnte man damals offensichtlich gut auskommen. 75 558 war an diesem Tag mit dem P 4028 von Zwickau nach Klingenthal unterwegs.

127 – (oben links) 75 558 am 6. Oktober 1965 im Bahnhof Zwotental, der mit seinem in Insellage befindlichen großen Empfangsgebäude die Strecken nach Klingenthal und nach Adorf trennt. Die beiden Bahnhofsarbeiter zogen gerade den leeren großrädrigen Wagen zurück zum Empfangsgebäude, nachdem sie den Packwagen des P 4028 von Zwickau nach Klingenthal beladen hatten. Ein einzelner Reisender mit Stock und Rucksack – das war sächsische Eisenbahnidylle anno 1965!

128 und 129 – (oben und unten rechts) Noch zwei Aufnahmen des P 4028 auf dem Weg nach Klingenthal. Günter Meyer mußte für diese Aufnahmen jeweils aus dem ersten Wagen nach vorn spurten, um – auf die Loyalität von Lok- und Zugpersonal vertrauend – die Aufnahmen zu machen. Die Bilder zeigen den Zug auf den Bahnhöfen Grünbach und Zwota.

130 – Beim Blick aus der 58 1107 begegnete Günter Meyer 1964 in Weischlitz der vorbeifahrende Schnellzug Karlsbad – Berlin „Karlex“, der damals mit der Baureihe 50 bespannt wurde. Hinter dem Speisewagen zwei Nachkriegs-Schürzenwagen mit Mittcleinstieg!

131 – (oben links) Die HÖ-Linie der Sächsischen Staatseisenbahnen von Herlasgrün nach Oelsnitz im Vogtland hatte einst große Bedeutung, lief doch über sie der Verkehr ins böhmische Eger. Nach Inbetriebnahme des Abschnittes Plauen oberer Bahnhof über Weischlitz nach Oelsnitz besaß die Strecke nur noch lokalen Charakter. Bis zum Einsatz von LVT und Dieselloks der Baureihe V 100 waren dort die sächsischen XI HT (BR $94^{20\text{-}21}$) und HIV HT (BR 75^{5}) anzutreffen. Im Oktober 1965 herrschte aber noch die Dampflok. Im Bahnhof Treuen kreuzten damals P 1909 Falkenstein – Herlasgrün mit 75 570 und 94 2122 mit Pmg 1908 von Herlasgrün nach Falkenstein. Wieder mußte unser Fotograf spurten, um seinen Zug nicht zu verpassen. Außerdem mußte stets Ausschau nach „pflichtbewußten Bediensteten" gehalten werden, die dem verdächtigen „Treiben" des heimlichen Fotografen ein Ende bereitet hätten.

132 und 133 – (oben rechts und unten) Der Pmg 1908 war an diesem Oktobertag mit 94 2122 bespannt, die auf der oberen Aufnahme am Bahnsteig in Herlasgrün steht. Auf der unteren Aufnahme steht der Zug abfahrbereit in Thoßfell. Beide Aufnahmen belegen, wie sparsam die Generaldirektion der alten sächsischen Staatsbahn ihre Bahnhöfe selbst in engen Krümmungen anlegte.

134 – 86 1000 (ex Eutin–Lübeck) vom Lokbahnhof Schleiz war am 18. September 1964 in Langenbuch mit dem P 3925 nach Schönberg/V unterwegs. Die Lok besaß damals noch eine Behelfsrauchkammertür.

135 und 136 – (oben und unten links) Ein weitverzweigtes Streckennetz gab es südwestlich von Karl-Marx-Stadt im Oelsnitzer Steinkohlerevier. Den P 3199 Neuoelsnitz – Wüstenbrand nahm Günter Meyer am 18. Oktober 1966 auf. Auf der Planie neben dem Streckengleis lagen einst die Ladegleise der 1858 eröffneten Chemnitz-Würschnitzer Kohlenbahn. Der Zug war an diesem Oktobertag mit zwei PKP-Rückkehrern bespannt. Zuglok 75 510 und Schlußlok 75 508 gelangten nach dem Ersten Weltkrieg als Reparationsloks nach Polen und wurden erst nach deren Rückkehr ins DRG-/DRB-Nummernschema eingereiht.

137 – (unten) Eine klassische Zuggarnitur der späten sechziger Jahre begegnete dem Fotografen am selben Tag in Oelsnitz (Erzgeb). P 1815 von St. Egidien nach Stollberg (Sachs) war mit 75 587 und den seinerzeit durchaus modernen Wagen der Gattung Bag gebildet. Die Wagen hatten damals noch die schönen Zierstreifen, die bald entfernt wurden.

138 – Abfahrbereit stand am 18. Oktober 1966 der Fünfwagenzug des P 3197 von St. Egidien nach Wüstenbrand im Bahnhof Oelsnitz (Erzgeb). Freundlich schaute das Personal der 75 524 zum Fotografen.

139–(oben links) Eine typisch sächsische Zuggarnitur wurde am 29. September 1964 in Hartmannsdorf mit dem P 3710 von Karl-Marx-Stadt nach Oberfrohna festgehalten. Hinter 94 2062 zwei B4 Sa 98, wobei der vordere Wagen bereits umgebaut wurde: Wendlersauger anstatt der ursprünglichen Kiemenlüfter, elektrische Beleuchtung, mehrere Türen entfernt und die langen Trittbretter gegen kurze ausgetauscht.

140–(unten links) Derselbe Zug in Oberfrohna. Das Gebüsch bot nicht nur gute Deckung vor neugierigen Zuschauern, sondern auch Schutz vor dem Gegenlicht.

141–(oben rechts) Eine letzte Aufnahme vom Bahnhof Neuoelsnitz an der Strecke St. Egidien – Stollberg (Sachs). Dieses Bild dokumentiert die Bergsenkung infolge des dort betriebenen Kohlebergbaus. Gut sichtbar sind die starken Senkungen der Bahnsteiggleise. Erstaunlich, was sich im Oktober 1966 noch für Wagengarnituren im alltäglichen Betriebseinsatz befanden. Links 75 510 mit P 1818 Stollberg – St. Egidien und rechts 75 524 mit dem P 3197 nach Wüstenbrand.

142 – In Großbauchlitz, dem späteren Döbeln-Nord, rangiert im August 1967 die Riesaer 94 2005. Die Maschine ist mit zwei Strahlpumpen ausgerüstet. Vorn die Gleise der Schmalspurbahn.

Auf dieser Doppelseite verlassen wir kurz die Gleise der DR und begeben uns auf die längst eingestellte Überlandbahn zwischen Hohenstein-Ernstthal und Oelsnitz im Erzgebirge.

143 – (links oben) Triebwagen 1 und Beiwagen 34 am 23. März 1960 auf dem Weg nach Hohenstein-Ernstthal auf der Brücke über den Lungwitzbach.

144 – (unten links) Der Gütertriebwagen 11 mit zwei gedeckten Vierachsern unterwegs nach Hohenstein-Ernstthal. Die beiden Rangierer auf der letzten Bühne schienen sich offensichtlich über das Interesse des Fotografen für ihre Bahn zu freuen.

145 – (unten) In Lugau entstand an der Haltestelle „Kesselschmiede" das Bild vom Triebwagen 4.

146 – In Gersdorf legte sich am 23. März 1960 Triebwagen 7 mit zwei Beiwagen in die Kurve.

147 – An der Endhaltestelle in Oelsnitz am Rathaus Triebwagen 7 mit den Beiwagen 27 und 35.

Pockau-Lengefeld und die Strecke nach Reitzenhain sind das Thema der folgenden Seiten, bevor wir uns mit Günter Meyer weiter in Richtung Osten zur Windbergbahn und zu Strecken im Elbsandsteingebirge begeben.

148–(oben links) Einen Blick in das winterliche Bw Pockau-Lengefeld am 30. Dezember 1966. Damals herrschte hier noch die „heile Dampfwelt" mit 58 1375, 38 209, 86 123, die gerade bekohlt wird, und 86 270. Fotos in Bahnbetriebswerken waren zu diesen Zeiten in der Regel nur mit stillschweigender Billigung der anwesenden Eisenbahner oder „getarnt" mit der Reichsbahn-Uniform möglich, weil jeder Zivilist sofort aufgefallen wäre.

149–(unten links) Einen „Bilderbuch-Gmp" fotografierte Günter Meyer am 7. August 1964 am Haltepunkt Marienberg Gebirge. Gmp 8713 hatte den Zuglauf Reitzenhain – Marienberg.

150–(rechte Seite) Der Bahnhof Pockau-Lengefeld bot damals eine beachtliche Vielfalt an Zügen. Neben Loks der Baureihen 38 und 58 waren die Tenderloks der Baureihe 86 besonders vor den Personenzügen zu beobachten. Am vorletzten Tag des Jahres 1966 hatten vor dem Empfangsgebäude 86 137 am P 1308 Flöha – Neuhausen und 86 150 mit P 2908 Pockau – Reitzenhain Aufstellung genommen.

150 – Der Bahnhof Pockau-Lengefeld bot damals eine beachtliche Vielfalt an Zügen. Neben Loks der Baureihen 38 und 58 waren die Tenderloks der Baureihe 86 besonders vor den Personenzugen zu beobachten. Am vorletzten Tag des Jahres 1966 hatten vor dem Empfangsgebäude 86 137 am P 1308 Flöha – Neuhausen und 86 150 mit P 2908 Pockau – Reitzenhain Aufstellung genommen.

151 – Bahnhof Reitzenhain auf dem Kamm des Erzgebirges mit Blick in Richtung Böhmen. Bis 1945 konnte man von hier weiter nach Komotau reisen. Am Bahnsteig 86 150 mit Gmp 8713 nach Marienberg.

152 – (oben rechts) Die Windbergbahn von Freital-Birkigt nach Possendorf mit ihren extremen Krümmungen und Neigungen gehört zu den bekanntesten sächsischen Strecken. Diesen Ruf verdankte die Strecke auch den hier eingesetzten Meyer-Loks der Baureihe 98, die wegen ihres Triebwerkes oft als „Kreuzspinne“ oder „Heuwender“ bezeichnet wurden. 1961 konnte man diese Maschinen noch im alltäglichen Einsatz beobachten. Am 23. Februar 1961 dampften 98 006 und die heutige Museumslok 98 001 über die Kesselgrundbrücke unterhalb Gittersee.

Aufnahmen auf dieser Strecke waren nicht unproblematisch, verkehrten doch Erzzüge zur Uran-Aufbereitungsanlage nach Gittersee.

153 – (unten links) „Nachschuß“ auf die bergwärts fahrenden 98 005 und 98 011 im September 1960 zwischen Birkigt und Gittersee.

154 – (unten rechts) Nochmals am 23. Februar 1961 der Zug mit 98 006 und 98 001 auf der Fahrt nach Gittersee. Hinter den beiden Loks ein Erzzug der Wismut AG, die bei Gittersee die Aufbereitung des Uranerzes vornahm.

155– (oben links) 98 011 und 98 005 im Spätsommer 1960 mit einem Erzzug auf dem Weg nach Gittersee. Bemerkenswert war die Wiederinbetriebnahme von der 98 005, die es nach dem Zweiten Weltkrieg in mehrere Bahnbetriebswerke Thüringens verschlug und bis Mitte der fünfziger Jahre als z-Lok auf dem Lokfriedhof in Gera Süd stand. Man konnte damals auf diese Loks wohl nicht verzichten.

156–(unten links) Die enormen Steigungen der Windbergbahn dokumentiert dieses Bild. Über der im Tal liegenden Stadt Freital kämpften sich am 23. Februar 1961 die beiden Windbergmaschinen 98 012 und 98 014 nach Gittersee.

157–(unten) Am 24. Februar 1961 stand 98 006 in Birkigt. Im Führerhaus hängt die Schlußscheibe.

158 und 159 – Beim Besuch der Windbergbahn stattete Günter Meyer am 24. Februar 1961 auch dem Glaswerk in Freital einen Besuch ab, gab es doch dort einen alten sächsischen Veteran zu besuchen, der die Wirren der Zeit als Werklok überstanden hatte. Die sächsische VII T Nr. 633 wurde von Hartmann in Chemnitz 1883 unter der Fabriknummer 1304 abgeliefert und erhielt den Namen „Iffland".

Ab 1892 bekam sie die Bahnnummer 1426 und wurde von der DRG als 98 7055 eingereiht, aber bald schon als Werklok verkauft. Beim Glaswerk Freital war die Maschine noch zu Beginn der sechziger Jahre im Einsatz und konnte damals auf ein fast 80-jähriges Dienstjubiläum zurückblicken. Für das Fabrikschild am Zylinder interessierte sich 1961 wohl noch niemand …

160 – (oben links) Die Strecke von Pirna nach Gottleuba gibt es seit langem nicht mehr und sie war in den letzten Betriebsjahren eine Stammstrecke der Baureihe 86 des Bw Pirna. In Langenhennersdorf wurde am 24. September 1964 der nachmittägliche P 2972 mit 86 269 abgelichtet.

161 – (unten links) Andere Stammlinien der Pirnaer 86er waren die Strecken von Pirna nach Neustadt (Sachs) und Arnsdorf (bei Dresden), bis Neubautriebwagen der Baureihe VT 2.09 die Dampfloks ablösten. Am 11. Juli 1967 dampfte eine 86 mit dem P 3659 von Pirna nach Neustadt (Sachs) über die Elbebrücke in Pirna.

162 – (oben) Einen Blick in den Lokbahnhof in Neustadt (Sachs) konnte Günter Meyer am 24. September 1964 wagen, als dort 86 354 und 86 243 vor dem hübschen Rechteckschuppen mit Drehscheibe standen.

163 und 164 – (oben links und rechts) Zwei Aufnahmen von der Strecke Dürrröhrsdorf – Arnsdorf, als dort die Baureihe 86 noch den Zugdienst versah. Am schneelosen 2. Januar 1966 herrschte in Dittersbach am P 3554 noch Hochbetrieb. Drei Jahre später, am 27. Mai 1969, rollten dort schon die Umbauwagen der Gattung Bag. Dennoch, in Dittersbach stiegen damals viele Reisende aus.

165 – (unten links) P 2973 Gottleuba – Pirna am Haltepunkt Pirna Ost, hinter 86 269 ein elsaß-lothringischer C4i!

166 – (rechts) Bahnhof Goßdorf-Kohlmühle in der Sächsischen Schweiz am 24. September 1964. Ausfahrt für P 3857 mit 86 868 von Bad Schandau nach Neustadt (Sachs). Bemerkenswert ist das infolge Platzmangels links stehende Ausfahrsignal.

167 – Zugkreuzung am 25. September 1964 auf dem Bahnhof Glashütte der Müglitztalbahn: 86 555 mit FDJ-Wappen am P 2820 aus Dresden, rechts der Zugschluß des P 2831 von Altenberg nach Dresden.

168 – (oben rechts) Auch P 8 liefen auf der Müglitztalbahn, wie die Aufnahme vom September 1964 belegt. 38 1272, die mit Wittewindleitblechen ausgerüstet war, stand mit dem P 2812 aus Dresden im Haltepunkt Mühlbach. Am Zugschluß noch einer der Altenberger Wagen, die in den dreißiger Jahren speziell für diese Strecke beschafft waren.

169 – (unten rechts) In Kittlitz an der Strecke Radibor – Löbau fotografierte Günter Meyer im Juli 1965 den P 3304, der von 75 1116 gezogen und aus hölzernen ehemals 4.-Klasse-Wagen gebildet war.

170 – (unten) Dieselbe Zuggarnitur kurz vor der Abfahrt in Radibor mit zweisprachigem Bahnhofsschild. Der Löbauer Zug wartete noch auf die Anschlußreisenden vom P 2712 Bautzen – Hoyerswerda, den 23 1051 bespannte.

Im Bahnbetriebswerk

Der Besuch eines Bahnbetriebswerkes zur Dampflokzeit, etwa zum Zwecke des Fotografierens, gehörte einst zu den meist unerfüllten Wünschen jedes Eisenbahnfreundes. Was man an der freien Strecke mit mehr oder weniger „Tarnung“ und auf den Bahnhöfen mit „List und Tücke“ und unter Ausnutzung aller möglichen Verstecke noch erreichen konnte, versagte in aller Regel in den Bahnbetriebswerken. Lagen die Schuppen, Remisen oder Häuser gar entfernt öffentlich zugänglicher Wege und Brücken oder nicht gegenüber eines Bahnsteiges, war es dem einfachen Eisenbahnfreund schlicht und einfach unmöglich, die geliebte Dampflok im besten Licht und in aller Ruhe vor der Kulisse eines Lokschuppens, auf dem Kanal oder gar „im Haus“ abzulichten. Die Bahnbetriebswerke blieben dem Eisenbahnfreund viele Jahre verschlossen. Ausnahmen bildeten nur die in den fünfziger und sechziger Jahren vereinzelt stattgefundenen Jubiläen, Sonderfahrten oder Tage der offenen Tür, die dann aber von Fotografen konsequent genutzt wurden.

So blieb es in der Regel den dort Beschäftigten vorbehalten, ein heimliches Bild zu machen. Aber auch das war nicht so einfach. Die „Wachsamkeit“ vieler Zeitgenossen und das allgegenwärtige in den Köpfen vieler Eisenbahner festgesetzte Fotografierverbot verhinderte auch da, den Fotoapparat offen herumzutragen – mit Unterschieden natürlich. War es ohne amtliche Genehmigung fast unmöglich, in einem großen Bw eine heimliche Aufnahme zu machen, hatte doch mancher altgediente Eisenbahner im Rechteckschuppen eines Nebenbahnlokbahnhofs gar nichts dagegen, wenn seine Maschine von einem Interessierten auf dem Film festgehalten wurde. Und bei den Eisenbahnern der Schmalspurbahnen hatte man in der Regel die geringsten Probleme zu befürchten, sie hatten schon viel früher als ihre „Vollspurkollegen“ ein ausgeprägt toleranteres Verhältnis zum Fotografieren und freuten sich über jeden, der sich für ihr meist schon antiquiertes Verkehrsmittel interessierte. Da konnte man auch mal in das Betriebsgeschehen eingreifen und sich eine Lok vors Haus fahren lassen.

Aber gerade das unverwechselbare Fluidum eines Bahnbetriebswerkes mit seiner Betriebsamkeit oder Idylle, den Geräuschen und dem typischen Geruch von Öl und Qualm, mit den vor dem Schuppen abgestellten Loks, dem Reiz, eine Dampflok auf der Drehscheibe abzulichten, oder die einzigartigen Lokparaden etwa an einem Feiertage im Bild festzuhalten, ließen immer wieder alle Verbote unterwandern. Günter Meyer hatte auch diese Möglichkeiten immer wieder genutzt und im Schutze seiner Uniform die Betriebsgelände nach allem Fotografierbarem durchstöbert. Aus dem Fenster einer Toilette, falls sie „günstig“ lag, oder aus dem Übernachtungsgebäude, sofern niemand anwesend war, oder aus dem Führerstand der Maschine – alle sich bietenden Gelegenheiten wurden genutzt. Die einst so alltäglichen Betriebssituationen, Lokparaden oder die auf dem „Rand“ abgestellten Raritäten wurden so fotografisch der interessierenden Nachwelt erhalten.

Eine kleine Auswahl vieler so entstandenen Aufnahmen sollen auf den folgenden Seiten die Zeiten des alten traditionellen Bahnbetriebswerkes zur Dampflokzeit noch einmal in die Erinnerung zurückrufen. Folgen Sie uns nun in einzigartige Atmosphäre der „Heizhäuser“, wie die Lokschuppen in Sachsen seit je her immer hießen.

171 – Der Besuch sächsischer Bahnbetriebswerke beginnt natürlich in Aue, der Heimatdienststelle unseres Autors. Während seiner Lokführer-Anwärterzeit entstand am frühen Morgen des 9. Juni 1969 die Lokparade von 52 105, 52 1646 und 58 2097 allesamt vom Bw Aue vor den Freiständen am Verwaltungsgebäude. Beide Baureihen lernte Günter Meyer als Heizer und später auch als Lokführer zu schätzen, wobei er die 52er ob ihrer personalfreundlichen Konstruktion und Robustheit besonders mochte.

172 und 173 – (oben und unten links) Kurzzeitig verschlug es 1969/70 einige Maschinen der Reihe 83 in das Bw Aue. Die unbeliebten Neubautenderloks wurden auch in Aue nicht heimisch, obwohl ihre hervorragenden Laufeigenschaften, die reichlichen Vorräte und das ausgezeichnete Beschleunigungsvermögen positiv hervorzuheben waren. Am 7. November 1969 waren dort 83 1003 und 83 1010 sowie 94 2123 anzutreffen.

174 – (unten) Wer weiß schon, wie es im Führerstand einer 83er aussah? Günter Meyer hat auch das im Bild festgehalten. Die Aufnahme zeigt den Führerstand von 83 1002 im November 1969. Die modernen Anzeigearmaturen zeigen den Druck im Schieberkasten, Hauptluftbehälter, Hauptluftleitung und Bremszylinder an.

175 – (rechte Seite) 83 1002 wurde ebenfalls im November 1969 im heimatlichen Bahnbetriebswerk Aue abgelichtet.

83 1002

176 und 177 – (oben und unten links) Was vor fast 40 Jahren auf dem „Rand" als Schrott stand und kaum Interesse bei den Eisenbahnern fand, waren oft die Raritäten, die im Gefolge des Krieges fern der Heimat ihre letzte Ruhestätte fanden. Ein solcher „Heimatvertriebener" stand in den fünfziger Jahren auch im Bw Aue. Die ehemals lettische Tk 234, beim Bw Aue nach dem Krieg auch im Betriebseinsatz gewesen, war eine 1 A 1'-Tenderlok, die 1931 unter der Fabriknummer 1196 bei Krupp hergestellt wurde. Hauptsächlich rangierte die eigenwillige Maschine mit nur einer angetriebenen Achse in der Niederschlemaer Papierfabrik, ehe sie später endgültig abgestellt wurde. Die obere Aufnahme zeigt die Lok zusammen mit 58 2068 und 84 012 am 3. November 1957 in Aue, das untere Bild bereits 1952 am selben Ort.

178 – (unten) Die letzte L 0-Ausbesserung des Bw Aue war Anlaß für ein „offizielles Foto", das Günter Meyer am 17. Juni 1968 aufnahm. Die Männer von der Werkstatt des Bw Aue hatten sich zu diesem Ereignis vor 86 048 versammelt. Das Bild belegt zugleich die Verbundenheit der Eisenbahner mit ihrer oftmals schweren und harten Arbeit. Dennoch: Man malte ein Schild, schmückte die letzte ausgebesserte Maschine mit Girlanden – man war eben Eisenbahner mit Leib und Seele!

179 – Im Sommer 1964 wurde 94 2010 vom Bw Falkenstein im Lokschuppen des Bw Aue fotografiert. Der Kollege auf der Maschine freute sich sichtlich über den Fotografen, der die Lok neben dem markanten Hohenzollernofen, der der Raumheizung diente, ablichtete. 94 2010 gehörte damals zu den XI HT-Loks, die keine Vorwärmer und damit keine Speisepumpe besaßen.

180 – Tage der offenen Tür in einem Bahnbetriebswerk gab es bereits 1958 – und das trotz strengen Fotografierverbotes. Anläßlich des Streckenjubiläums Zwickau – Schwarzenberg durfte ganz offiziell fotografiert werden. An diesem Maitag im Jahr 1958 war 84 008 neben 52 2636 im Bw Schwarzenberg ausgestellt.

181 – Das Bw Karl-Marx-Stadt war über Jahrzehnte eine Hochburg der leistungsfähigen XIV HT-Loks. Im Sommer 1965 standen dort 75 572, 75 569, 75 556 und 75 535 vor dem heimatlichen Haus.

182 – Solche Lokparaden waren an Sonntagen im Bw Karl-Marx-Stadt nichts Besonderes, denn an diesen Tagen verkehrten keine Berufszüge. Neben sechs XIV HT auch 58 1666 unseres Fotografen.

183 – (links) Die Stirnansicht der Lokomotiven 86 551, 58 1227, 75 506 und 38 259, aufgenommen am 20. März 1966 im Bahnbetriebswerk Karl-Marx-Stadt. Interessant ein genauerer Blick auf die Rauchkammertüren aller vier Maschinen: Zwei Loks hatten bereits das Dreilicht-Spitzensignal (86 551 und 75 506), aber zwei Lokomotiven besaßen immer noch Behelfsrauchkammertüren. 86 551 hatte eine der verbreiteten glatten Türen und 58 1227 eine gewölbte Tür ohne Zentralverschluß.

184 – (oben) Frauen waren bei der Reichsbahn in der DDR auf einer Vielzahl von Dienstposten anzutreffen. Von den Lokputzerinnen über die Laborantinnen (zur Bestimmung der Härte des Kesselspeisewassers) bis zu Frauen in den Lokleitungen oder – wie im Bild von 1965 festgehalten – auch als Drehscheibenwärterinnen waren sie in den Bahnbetriebswerken zu finden. Für die Lokpersonale zuweilen eine willkommene Abwechslung!

185–(links oben) Ein heimliches Foto aus einer G 12 im Sommer 1963 auf die Lokleitung des Bahnbetriebswerkes Karl-Marx-Stadt Hbf. Vorn 89 6306, die – 1915 bei Orenstein & Koppel gebaut – bei der Niederlausitzer Eisenbahn, vormals Lissa-Guhrau-Steinauer Eisenbahn, ihr Brot verdiente. Hinter der ehemaligen Privatbahnmaschine steht ein sächsischer Rollwagen.

186–(oben) Rollwagen beider Bauformen mit hohem Umlauf (38 226) und niedrigem Umlauf (38 206) im Sommer 1965 im Bw Karl-Marx-Stadt Hbf. Auch hier fallen wiederum die unterschiedlichen Rauchkammertüren auf.

187–(unten links) Im benachbarten Bw Hilbersdorf konnte Günter Meyer im September 1962 einen weiteren Vertreter der ab 1949 eingereihten Privatbahnloks ablichten. Lok 89 6121 diente einst bei der Prenzlauer Kleinbahn und ähnelte einer preußischen T 3.

188 – (oben links) 75 534 vom Bw Falkenstein restaurierte am 9. Juli 1968 auf dem Kanal des Bw Zwickau. Hinter der Tenderlok eine G 12, die ebenfalls Wasser nahm. Rechts die Lokleitung, Spind- und Waschräume im Rest eines ehemaligen Lokschuppens.

189 – (oben rechts) Eine Lokparade aus diesem Blickwinkel konnte man nur vom Führerstand einer Maschine aufnehmen, die gerade auf der Drehscheibe stand. Im Juli 1968 gelang dieses Bild mit den Loks 94 2010, 94 2152 und 75 550 vor dem Rundhaus des Bw Zwickau.

190 – (unten links) Das typisch heimliche Foto: Im Schutze der Eisenbahneruniform schnell in den Greizer Lokschuppen, Fotoapparat unter der Jacke hervorgeholt, klick, und schnell wieder raus! Bw Greiz am 24. Oktober 1965.

191 – (oben rechts) Im Bahnbetriebswerk Dresden-Friedrichstadt waren die Güterzugdampfloks zuhause. Während eines zeitweiligen Einsatzes als Heizer in dieser Dienststelle Ende 1968 („auf Kommando“) fotografierte unser Autor die Dresdener 58 3009 unter der mächtigen Hochbunkeranlage. Rechts im Bild die „eigene“ 58 1678, aus deren Rauchkammer gerade die Lösche ausgeschaufelt wurde, eine Arbeit, die heute bestenfalls noch einige Lokpersonale betriebsfähiger Museumsloks kennen.

192 – (unten rechts) Am Lokschuppen in Potschappel war im September 1964 noch reges Treiben zu verzeichnen. Neben den beiden Schmalspur-Nachbau-VI K 99 678 und 99 684 stand die Meyer-Lok 98 014 am Kohlekran. Während letztere mit dem Kran bekohlt wurde, mußten die Schmalspurloks mit Körben in schwerer körperlicher Arbeit mit Kohle versorgt werden.

193 – (unten links) Nochmals Potschappel zwei Jahre zuvor im Juli 1962. Diesmal stand 94 2040 am Kohlekran, um die Vorräte zu ergänzen. Links 89 954 (ex Rosenberger Kreisbahn 1).

Schmalspurreise in den Norden

Die Schmalspurbahnen übten schon von Anfang an auf Günter Meyer einen besonderen Reiz aus. Einmal dokumentierten sie in Betriebsführung, Bahnanlagen und den vorhandenen Fahrzeugen oftmals noch den ursprünglichen Zustand, andererseits war dort das Fotografieren mit weit weniger Widrigkeiten verbunden. Reiste man dort in seiner Eisenbahneruniform an, war man sofort ein gern gesehener Kollege, den man auch gewähren ließ, wenn der Fotoapparat aus der Tasche geholt wurde.

Natürlich standen diese Bahnen auch nicht so im Blickpunkt „staatlicher Organe“, die den „Bimmelbahnen“ weit weniger Bedeutung zumaßen, als den „strategischen“ Hauptbahnen, etwa in den industriellen Ballungsgebieten. Lag die Schmalspurbahn nicht in Grenznähe, brauchte man das Auftauchen eines Bahnpolizisten kaum zu befürchten – und die freundlichen Kollegen auf der Lok oder vom Zugpersonal warnten den Fotografen schon, wenn ein besonders „pflichtbewußter“ Vorgesetzter oder Zivilist dem Besucher der Strecke hätte Schwierigkeiten bereiten können. Man kannte eben jeden …

Unter diesen Umständen war ein ungehindertes Fotografieren viel eher möglich, so daß sich unser Autor diesen Strecken besonders zuwandte. Viele Reisen führten Günter Meyer nach Norden, teilweise zu Urlaubsaufenthalten an der Ostseeküste oder auch nur zur Bereisung einzelner Strecken, die möglicherweise der baldigen Stillegung anheimfallen konnten. So entstanden gerade in den fünfziger und in den frühen sechziger Jahren viele Dokumente von heute längst vergessenen Bahnen. Bald kannte man auch hoch im Norden „Foto-Meyer“ aus dem fernen Sachsen, der selbst zur Fahrt des letzten Zuges auf einer der Strecken eigens aus Aue anreiste, um das Ende des Betriebes zu dokumentieren. Günter Meyer dankte die sprichwörtliche Gastfreundschaft seinen Kollegen von der Schmalspur, indem er vielen Eisenbahnern Erinnerungsfotos überließ. Für manchen war und ist das eine wertvolle Geste, denn wer hatte schon vor über dreißig Jahren Geld, sich einen Fotoapparat zu leisten?

Ein weiterer Aspekt dieser Reisen soll erwähnt werden. Von vielen sind sie heute schon wieder vergessen: technische Details und Lösungen, oftmals aus den Anfängen der Eisenbahn stammend, oder nur für bestimmte Strecken entwickelt. Sie fanden gerade Meyers ausgesprochenes Interesse. Wer heute über die Technik der einst dort eingesetzten Fahrzeuge berichten will, wird auf seinen Rat und die von ihm gefertigten Detailaufnahmen nicht verzichten können.

So verdanken wir Günter Meyer beispielsweise die exakte Kenntnis über die als 2'B'-Lok gelaufene 99 576 bei der Prignitzer Kreiskleinbahn, der man kurzerhand das mittlere Gelenk mit dem Verbinder ausbaute, als ein Schaden am Kreuzkopf auftrat. Günter Meyer hat diesen Sachverhalt nicht nur exakt dokumentiert, sondern auch noch zum Beweis den ausgebauten Verbinder in der Perleberger Werkstatt und die freie Stelle zwischen beiden Triebwerken an der in Betrieb befindlichen Lok fotografiert …

194 – 600-mm-Gleis der Ziegelei in Tessin mit einer „Schluß-Lz“, das gab's noch im Juni 1960! Die Loren besaßen Doppelflanschräder!

195 – (oben links) Auf den Reisen zu den Schmalspurbahnen nutzte unser Autor natürlich alle sich bietenden Möglichkeiten, unterwegs zu fotografieren. Auf der Spreebrücke in Berlin begegnete unserem Fotografen am 26. Juni 1967 der „Russenzug“ Brest – Magdeburg mit 03 019. Die Überbreite der Breitspurwagen ist gut sichtbar.

196 – (oben rechts) Eine ganz zeitige Aufnahme datiert vom 8. August 1953. Damals gab es bereits geraume Zeit die nur für die SDAG (Sowjetisch-Deutsche Aktiengesellschaft) Wismut verkehrenden Urlauberzüge zur Ostsee. Einer dieser Züge hatte den Zuglauf Wolgast Hafen – Karl-Marx-Stadt Hbf, der auf einem Unterwegsbahnhof mit 03 243 beim Wassernehmen fotografiert wurde.

197 – (unten rechts) Als es im Norden noch die preußischen T 18 gab, entstand das Bild von 78 110 am P 572 Saßnitz – Stralsund im Juli 1967 im Bahnhof Bergen auf Rügen. Im Hintergrund der Lokschuppen der Einsatzstelle.

198 – Die Industriebahn in Halle bediente mit aufgebockten Regelspurwagen eine Vielzahl von Anschlüssen. Am 29. Juni 1963 stand 99 5801 auf der Rollgrube im Industriebahnhof Halle.

199 – Die Situation am selben Tag beim Bedienen des Anschlusses 4 in Halle Turmstraße. Rechts am Gartenzaun das Fahrrad des Fotografen, der damit schneller als der Zug war.

200 – Von der Lokomotivfabrik Hagans in Erfurt wurde 99 5801 im Jahre 1894 unter der Fabriknummer 302 erbaut und gehörte zum Aufnahmezeitpunkt im Juni 1963 zum Bw Halle P.

201 – Alltägliche Betriebssituation 1963 in Halle am Anschluß 7: Der Zug kreuzt die Straße, und die damals hochmoderne „Pappe“, so die respektlose Bezeichnung für den Trabant, mußte warten.

202 – Von Halle an der Saale in den Spreewald. Scheinbar ungetrübte Idylle gab es dort noch am 20. Juli 1965 zu beobachten, als P 437 mit 99 5705 aus Goyatz in Straupitz ankam.

203 – (oben links) Seitenansicht von Lok 99 5705 am 20. Juli 1965 in Goyatz. Sie gehörte damals zum noch selbständigen Bw Straupitz. Auffälliges Merkmal der Spreewaldbahnloks waren die eckigen Ziffern auf den Nummernschildern.

204 – (unten links) Auf der Fahrt von Goyatz nach Straupitz nutzte Günter Meyer wiederum die Zwischenhalte zu Aufnahmen. In Laasow hatte mit dem geschmacklosen Buswartehäuschen schon die „Neuzeit“ ihre Spuren hinterlassen.

205 – (unten) Schnappschuß aus dem fahrenden Zug in das Spreewald-Bahnbetriebswerk Straupitz mit den Loks 99 5707 und 99 5705.

206 – (oben rechts) Goyatz 20. Juli 1965, 9.58 Uhr, eingefahren war an diesem schönen Sommertag der P 444 von Cottbus mit der Lokomotive 99 5705. Trotz zugewachsener Gleise vermittelt der Bahnhof mit seinem typischen Empfangsgebäude einen recht gepflegten Eindruck.

207 – (unten links) Fünf Jahre zuvor besuchte Günter Meyer schon einmal die Spreewaldbahn. In Cottbus fotografierte er 99 5633, ehemals Pillkaller Kleinbahn, die damals den Lunin-Wimpel („In persönlicher Pflege") trug.

208 – (unten rechts) Ebenfalls im Juni 1960 wurde in Cottbus 99 5703, die gerade vom Heizer abgeölt wird, fotografiert.

209 – (oben links) Nächste Station unserer Reise ist die Muskauer Waldeisenbahn. Dort gab es manche Rarität zu sehen, so die dreifach gekuppelte 99 3301 mit Hilfstender. Am 22. Juni 1960 konnte die Lok in Tiergarten Ost fotografiert werden. Der große Knüppel auf dem Wasserkasten ersetzte dort übrigens den Hilfszug. Mit dessen Hilfe konnten entgleiste Fahrzeuge wieder in die Schienen gehoben werden!

210 – (unten links) Am selben Tag war die Maschine an der Ladestelle Ost, mit Blick aus Richtung Weißwasser, anzutreffen.

211 – (oben rechts) Tags zuvor gelang die Stirnansicht der 99 3316 in Weißwasser. Der markante Kobelschornstein verlieh den Loks ihr unverwechselbares Erscheinungsbild.

212 – (oben links) 1960 lagen im Braunkohlenwerk von Weißwasser mit seiner typischen Architektur auch noch die 600-mm-Gleise. 99 3316 wartete dort in der Morgensonne auf weitere Aufgaben.

213 – (oben rechts) Fünf Jahre später konnte Günter Meyer im Krauschwitzer Lokschuppen 99 3311 fotografieren. Hinter dem Führerstand an der Wand die damals übliche Tafel mit den Werten des Kesselwassers (innere Speisewasseraufbereitung mit Natriumbikarbonat und Skiantan) jeder einzelnen Lok. Die Tafel zeigt, daß damals alle zehn Loks in der Unterhaltung waren.

214 – (unten rechts) Nochmals Lok 99 3316 im Juni 1960 in Weißwasser. Wiederum auffällig der große Knüppel zum Eingleisen und das überdimensionierte Läutewerk.

215 – (oben links) Zu den weniger bekannten Schmalspurbahnen gehörte das Streckennetz von Dahme nach Jüterbog und Luckenwalde. 1960 herrschte dort aber noch reger Betrieb. In Dahme traf unser Fotograf am 22. Juni 1960 Lok 99 4651 an, die einen Schwellentransport zur Gleiserneuerung zu übernehmen hatte.

216 – (unten links) Die Lok einen Tag später in Hohenseefeld, der Abzweigstelle nach Jüterbog (rechts) und nach Luckenwalde (links hinter den Eisenbahnern). Der Abzweig befand sich mitten auf der Dorfstraße. Das Bild zeigt aber auch, welche beachtliche Zuglänge der Pmg 3711 von Dahme nach Jüterbog hatte.

217 – (oben rechts) Eine Überraschung erlebte Günter Meyer, als er im Juni 1960 in den Lokschuppen von Dahme schaute: Dort stand als Reservelok 99 4502, die sonst in der Prignitz zu finden war und die Anschrift „Rbd Berlin, Bw Wustermark" trug. Die Lok stammt von Hartmann in Chemnitz (1897/2264), hatte bei den Prignitzer Kreiskleinbahnen die Nummer 16, später 07-02 und wurde 1949 von der DR als 99 4502 übernommen.

218 – Das Schmalspurnetz von Burg hatte eine beachtliche Ausdehnung aufzuweisen. Auf der Aufnahme vom 22. Juni 1965 im Bahnhof Burg wartete Gmp 9329 von Burg nach Lübars mit der Zuglokomotive 99 4644 auf Abfahrt. Rechts zwischen den abgestellten Wagen der VT 137 600, der seit Dezember 1964 nicht mehr eingesetzt wurde.

219 – (oben links) 99 4645 dampfte am 14. Juni 1964 mit dem P 3219 von Burg nach Ziesar durch den Einschnitt nahe Gehlsdorf. Hinter der Lok der Vorratswagen 97-61-23, der Lokomotivkohle mitführte, die dann vom Personal vom Wagen auf die Lok geschaufelt wurde.

220 – (unten links) Ebenfalls am 14. Juni 1964 war 99 4641 mit dem P 1122 Ziesar – Altengrabow zwischen Gehlsdorf und Schopsdorf unterwegs. Am Zugschluß der Vorratswagen. Der Personenwagen stammte aus Sachsen.

221 – (unten) Eine typische Szene aus Grabow im Jahre 1965: P 1102 von Burg nach Magdeburgerforth schlängelt sich durch die Dorfstraßen. Zuglok ist 99 4802.

222–(oben rechts) Auch hier in Burg gibt es freundliche Eisenbahner auf der Schmalspurbahn, die den Fotografen gern gewähren lassen. Die Aufnahme entstand im Juni 1965.

223–(unten rechts) Unterwegshalt in Gütter. Für den Fotografen ist genügend Zeit, den P 3219 am 14. Juni 1964 auf dem Weg von Burg nach Ziesar dort in Ruhe abzulichten. Bemerkenswert das unterschiedliche Seitenprofil der beiden Personenzugwagen hinter dem obligatorischen Vorratswagen. Links eine alte Kaue, im Zweiten Weltkrieg als Ersatz für zerstörte Diensträume aufgestellt.

224–(unten) Ortsdurchfahrt Grabow nochmals mit 99 4802, die auf dem Weg nach Magdeburgerforth unterwegs ist.

225 – (oben links) Der Bahnhof Burg Mitte im Juni 1965. Am Bahnsteig P 1103 nach Magdeburgerforth mit 99 4802. Rechts abgestellte Personenwagen.

226 – (unten links) Während seines Besuches im Juni 1965 in Burg fotografierte Günter Meyer auch 99 4301. Die Maschine wurde dort vorwiegend im Rangierdienst eingesetzt. Auffällig sind der geringe Treibraddurchmesser, der kurze Achsstand und die geringe Breite.

227 – (oben rechts) Blick aus dem ersten Personenwagen über den Vorratswagen in den Führerstand von 99 4802. Gut sichtbar die Hand des Lokführers am Regler, die dank des mittleren Rückwandfensters gut beobachtet werden konnte.

228 – Vom Netz um Burg zur Prignitz und den dortigen umfangreichen Strecken: Im Bahnhof Nitzow an der Strecke Glöwen – Havelberg erinnert die „angeschuhte“ Bahnsteigkante noch an die ehemalige Regelspurzeit. Nach dem Abbau der Regelspurstrecke von Glöwen nach Havelberg bauten die Brandenburgischen Landesbahnen (LBB) die Strecke 1948 als 750-mm-Schmalspurbahn wieder auf. Aufnahme vom 13. September 1964.

229 – (oben links) Der P 4431 von Kyritz nach Breddin war ein vorwiegend von Schülern frequentierter Zug, wie die Aufnahme vom 30. Mai 1969 in Rehfeld beweist. Der Zug mit 99 4511 war einen Tag vor der Betriebseinstellung gut besetzt.

230 und 231 – (unten) Als die Busse noch auf Schienen fuhren! Beide Aufnahmen vom 12. September 1964 in Gumtow als T 1014 Hoppenrade – Kyritz (links) und in Garz als T 1012 Perleberg – Lindenberg (rechts) zeigen VT 133 525 im Einsatz auf dem Prignitzer Netz. Die hübschen „Schweineschnäuzchen" konnten auf dem Dach Gepäck transportieren und an den Motorvorbauten Fahrräder befördern. Hinter dem Triebwagen: 99 4712, ex 99 791, ex CSD U 37.007, ex Friedländer Bezirksbahnen 11, aus dem alten Böhmen.

232 – (oben rechts) Ein besonderer Exot im vielfältigen Lokomotivpark in der Prignitz war die Schlepptenderlok 99 1401, nach dem Zweiten Weltkrieg in Babelsberg eigentlich als Reparation für die Sowjetunion gebaut und dann doch bei der DR verblieben. Im September 1961 rollte die Maschine gerade mit einem Gmp aus Havelberg in Glöwen ein.

233 – (unten rechts) Der Bahnhof Havelberg, ehemals ein Normalspurbahnhof, am 13. September 1964 mit dem soeben eingefahrenen P 3012 aus Glöwen. Zuglok ist 99 4711.

234 – (unten) Derselbe Zug vor der Abfahrt in Glöwen.

235 – Eine IV K-Aufnahme vom Prignitzer Netz darf natürlich nicht fehlen. 99 576 war am 13. September 1964 mit dem Pmg 8072 von Pritzwalk nach Glöwen in Kreuzweg eingefahren. Über das links in die Felder führende Gleis rollten einstmals die Züge nach Viesecke.

236 – (oben links) Die bei Hartmann 1920 in Chemnitz als C1'n2t gebaute Lok erhielt bei den Prignitzer Kreiskleinbahnen die Nummer 20, nach 1945 bei der Landesverkehrsdirektion Brandenburg die Betriebsnummer 07-80, bis sie die Reichsbahn als 99 4711 in ihr Nummernschema einordnete. Am 21. September 1961 fotografierte sie Günter Meyer in Lindenberg.

237 – (unten links) Nochmals die Hartmann-Lok am selben Tag im Betriebseinsatz mit dem Gmp 072 von Pritzwalk nach Glöwen beim Passieren von Hermann Kiekbachs „Gasthaus zur Eisenbahn" in Lindenberg.

238 – (unten) Das Ende war am 31. Mai 1969 gekommen. In tiefer Verbundenheit mit „ihrer" Bahn schmücken Eisenbahner und Anwohner den letzten Zug von Breddin nach Kyritz, den 99 4511 zog. Herr Schumacher (links im Bild, mit Hut) erlebte schon die Eröffnungsfahrt!

239–(oben links) Wer kann sich noch an die Schmalspurbahn von Klockow nach Pasewalk erinnern? Fast vergessen ist diese Strecke, die im Oktober 1963 endgültig ihren interessanten Betrieb einstellte. Am 24. Juni 1960 fotografierte Günter Meyer in Pasewalk 99 4612 mit Pmg 1297.

240–(oben rechts) Zuvor wurde der aus Klockow ankommende Gmp 9152 abgelichtet. Der Schaffner hatte den Zug auf der Straßenkreuzung mit der Fahne gesichert und stieg gerade wieder in den ersten Wagen.

241–(unten) Klockow am selben Tag. Im Hintergrund gut erkennbar Lok 92 6276 am P 1224 nach Prenzlau mit einem herrlichen Sammelsurium verschiedener Wagen; im Vordergrund ist der soeben aus Pasewalk eingetroffene Gmp 9151 mit 99 4612 eingefahren.

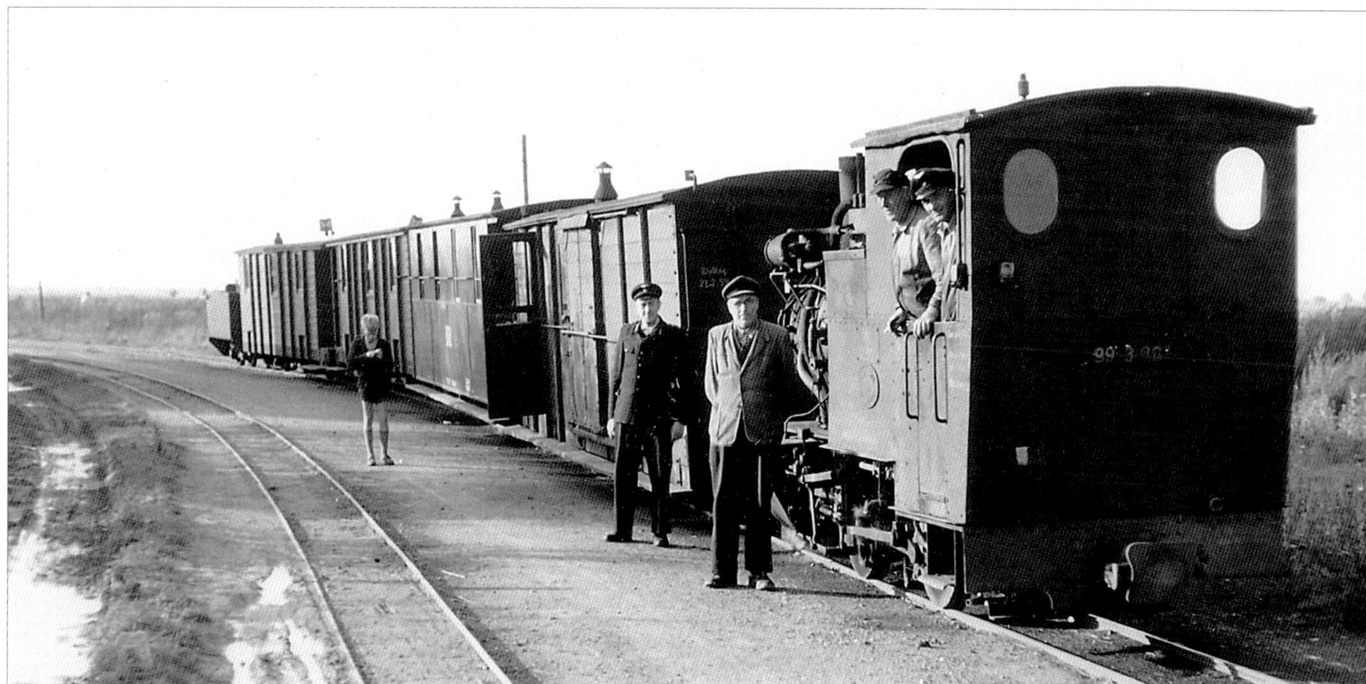

242 – (oben links) Nach dem Zweiten Weltkrieg wurde das Teilstück Jarmen – Schmarsow der ehemaligen Demminer Kleinbahn Ost (DKBO) als 600-mm-Schmalspurbahn wieder aufgebaut und bis 1958 betrieben. Eine kaum noch bekannte Strecke, die unser Autor sehr gern besuchte. Am 15. Oktober 1958 wurde dort 99 3001 mit dem Pmg 1289 nach Schmarsow fotografiert. Links im Bild das Lademaß und der Lokschuppen aus der 750-mm-Zeit der ehemaligen DKBO.

243 – (oben rechts) Die auf der Strecke eingesetzte Henschel-Lok, die mit einem Hilfstender gekuppelt war.

244 – (unten) Mecklenburgische Schmalspuridylle in Schmarsow am 23. September 1958. Lok 99 3001 hat umgesetzt, der leere Hilfstender bleibt am Zugende, und die freundliche Zugmannschaft stellt sich dem Fotografen zu einem Erinnerungsfoto.

245 und 246 – Die vier Aufnahmen dieser Seite zeigen den Pmg 1289 von Jarmen nach Schmarsow am 23. September 1958. Auf der oberen Aufnahme 99 3001 beim Rangiergeschäft in Schmarsow Weiche. Aus dem offenen Wagen werden gerade leere Milchkannen ausgeladen. Das Bild entstand am Haltepunkt Müssenthin.

247 und 248 – In Wilhelminenthal stellt sich die Lokmannschaft erneut dem Fotografen für ein Foto. Auffällig an der kleinen Henschel-Maschine ist die überdimensional wirkende Lichtmaschine ohne Lampe. Auf der unteren Aufnahme ist der Zug ohne die Güterwagen, die in Schmarsow Weiche blieben, am Endpunkt in Schmarsow angekommen. Drei Wochen später wurde der Betrieb eingestellt.

Folgen Sie uns auf den nächsten Seiten in das einzigartige Fluidum der MPSP, der Mecklenburg-Pommerschen Schmalspurbahn mit ihren markanten Gegensätzen, etwa zwischen 600-mm-Spur und vierfach gekuppelten Schlepptenderlokomotiven, zwischen Ringlokschuppen und Güterzügen mit Personenbeförderung!

249–(links) Stirnansicht von 99 3462 in Friedland im Oktober 1958.

250–(unten) Am Haltepunkt Gellendin ist am 16. Oktober 1958 Gmp 9194 von Anklam nach Friedland eingetroffen, wobei Lok 99 3461 eine beachtliche Zuglast zu befördern hatte. Das rechte Gleis führte früher direkt nach Uhlenhorst.

251 – Zwischenhalt des P 1294 von Anklam nach Friedland am 28. Mai 1969 in Lüskow, drei Tage vor der Einstellung des Reiseverkehrs. Ein Reisender springt noch schnell in den Zug, denn bald ist es vorbei!

252 – Ein schönes Lokporträt der vierfach gekuppelten 99 3461 mit Lokführer Sternhagen entstand am 29. Mai 1969 in Dennin. Die flache Morgensonne bringt das Außenrahmentriebwerk gut zur Geltung.

253 – (oben) Diese Aufnahme vom 15. Oktober 1958 dokumentiert, daß die ehemalige MPSP in den fünfziger Jahren noch erhebliche Transportaufgaben zu erfüllen hatte. Einfahrt des Gmp 9193 aus Friedland in Dennin.

254 – (unten links) In Ramelow Dorf nutzte unser Fotograf die Gelegenheit zu einer Aufnahme von 99 3461.

255 – (unten rechts) Die mit einem Zusatztender ausgerüstete 99 3352 hatte am 15. Oktober 1958 nach der Zugleistung des Gmp 9194 auf dem Denniner Gleisdreieck gedreht und fuhr nun den Gegenzug Gmp 9194 zurück nach Friedland.

256–(oben) Auf die Rückseite dieses Bildes hat Günter Meyer zu seiner ganz privaten Lokparade folgenden Text geschrieben: „Auf dem Bahnhof drängten sich die Fans um den Abschiedszug, da hieß es schnell handeln: Wagen von Hand wegschieben, Tore öffnen, klick! Und ganz schnell wieder zumachen. Wagen wegschieben – das war's." Friedland, 29. Mai 1969.

257– (unten links) Am 25. Mai 1960 hatte unser Fotograf bereits die Gelegenheit, im Friedländer Lokschuppen 99 3351 abzulichten. Gut erkennbar ist bei dieser Aufnahme der Außenrahmen der kleinen Maschine.

258–(unten rechts) Die drei „Kleinen" 99 3351, 99 3353 und 99 3352 nebeneinander im Friedländer Lokschuppen. Sie sind zwar gleich, aber doch nicht ganz vollständig.

Lichtmaschine, Rauchkammertür, Entwässerungsrohr und der Halter für die „Triebfahrzeugspitzensignalleuchten" unterscheiden sich.

259 und 260 – Auf dem weiteren Weg nach Norden ist das Thema dieser Doppelseite die 1000-mm-Strecke von Stralsund nach Ribnitz-Damgarten und Klausdorf. Auf der oberen Aufnahme: VT 137 532 und VB 147 562 im Jahre 1964 bei Barth als T 1347 auf dem Weg nach Damgarten. VT 137 563 mit Wagen 900-413 am 18. Juni 1962 in Altenpleen (unten).

261 und 262 – Letzter Zug von Barth nach Stralsund. An jenem 30. November 1968 entstand am Lokschuppen in Barth diese Nachtaufnahme mit den letzten Fahrgästen. Die untere Aufnahme zeigt noch einmal T 1353 von Stralsund nach Barth in Stralsund Stadtwald. Der Wagen 900-413 (ex Kehdinger Kleinbahn) mit Druckluftbremse fungiert als Beiwagen (siehe auch Bild 260).

263 – (unten links) Gmp 9223 nach Barth verläßt am 25. Juni 1960 Stralsund. Die Zisterne der Malletlok 99 5621 ist randvoll und läuft über. Bemerkenswert auch die Beleuchtung. Links eine umgebaute Petroleumlampe und rechts – passend zur Lichtmaschine – eine elektrische Lampe!

264 – (oben) Noch einmal derselbe Zug beim Passieren des Stralsunder Bahnhofsvorplatzes. Eine herrliche Garnitur mit drei Kohlewagen und den zweiachsigen Personenwagen. Wer würde da heute nicht die einstigen Fahrgäste um die damals völlig „normale" Fahrt beneiden.

265 – (unten rechts) Gmp 9221 von Barth nach Klausdorf rumpelt am 18. Juni 1962 in den Bahnhof Altenpleen. Die Bahn hatte damals noch ihre Kunden, wie die Zuglänge und die obligatorischen Kohlewagen hinter der Mallet beweisen.

266 – Die Schmalspurreise in den Norden endet mit Bildern von den Rügenschen Schmalspurbahnen, die auf den folgenden Seiten an die einstige Vielfalt und Romantik auf Deutschlands größter Insel erinnern sollen. Am 1. Juli 1967 herrschte an der Wittower Fähre, die die Strecke nach Bergen mit der von Fährhof nach Altenkirchen mittels Fährschiff verband, noch reger Betrieb. 99 4653 zieht gerade mit dem Wagenzug des P 840 Wittower Fähre – Bergen Stückgutkurswagen vom Fährschiff.

267 – Für die Verbindung der beiden Teilstrecken von Bergen zur Wittower Fähre und von Fährhof nach Altenkirchen über den Breetzer Bodden diente die bahneigene Fähre, die Güterwagen trajektierte. Die beiden Fährschiffe „Wittow“ und „Bergen“ (früher „Jaspar von Malzahn“) wurden 1949 von der Deutschen Reichsbahn übernommen und unterstanden der Rbd Greifswald. Nach Stillegung der beiden Strecken gingen sie in den Besitz der Weißen Flotte über.

Am 26. Juni 1960 fotografierte Günter Meyer in Fährhof das ankommende Fährschiff „Wittow“. Zwei Stückgutwagen und ein offener Güterwagen waren an diesem Tag die Fracht.

268 – Seitenansicht der dreifach gekuppelten Schlepptenderlok 99 4653 am 1. Juli 1967 in Wittower Fähre. Gut erkennbar sind der Außenrahmen und die Gegengewichte. Die 1944 bei Jung erbaute Lok kam erst 1965 auf Rügen und war früher bei der einstigen Jüterbog-Luckenwalder Kreiskleinbahn eingesetzt.

269 – Das Gegenstück zum Bf Wittower Fähre bildete Fährhof auf dem Altenkirchener Streckenteil. Dort war 99 4602 am 26. Juni 1960 dabei, Güterwagen von der Fähre abzuziehen.

270 – Lok 99 4602, 1896 bei Vulcan gebaut, in einer schönen Seitenaufnahme am 26. Juni 1960 in Wiek. An diesem Tag beförderte sie den Gmp 9210 von Altenkirchen nach Fährhof.

271 – Ebenfalls am 26. Juni 1960 entstand diese Aufnahme von 99 4602 im Endbahnhof Altenkirchen am Gmp 9210 nach Fährhof. Im Hintergrund rechts der Triebwagenschuppen.

272 – Eine außerordentlich bewegte Vergangenheit konnte die zuletzt auf Rügen eingesetzte Lok 99 4621 aufweisen. Als preußische T 36 mit der Betriebsnummer „Kattowitz 104“ war sie auf dem ehemaligen oberschlesischen Schmalspurnetz (785 mm) eingesetzt und kam von dort zur Rosenberger Kleinbahn als Lok 5. Nächster Eigentümer wurde die Zuckerfabrik Stavenhagen, ehe die Lok auf Rügen gelangte und von der DR übernommen und als 99 4621 bezeichnet wurde. Die Hagans-Lok aus dem Jahr 1901 hatte ein Schwinghebeltriebwerk, das aber wohl spätestens beim Umbau auf 750-mm-Spur ausgebaut wurde. Seitdem lief die Lok mit der Achsfolge C2'.

Die Aufnahme entstand im Juni 1960 in Trent am P 844 nach Bergen.

273 – Einfahrt des P 848 von Wiek nach Fährhof mit 99 4651 am 1. Juli 1967.

274 – Die beiden letzten Aufnahmen dieses Kapitels sind ganz bewußt den Männern auf den Schmalspurloks gewidmet, ohne deren Verständnis ein Großteil der Bilder nicht entstanden wäre. So stellte sich zu Zeiten des strikten Fotografierverbotes im Juli 1967 die Ablösemannschaft vor der 99 4631 in Garz dem Fotografen. Herzlichen Dank!

275 – In Sissow nahmen die Männer von der 99 4631 mit dem Ejektor Wasser. Wie stets auf Rügen, befindet sich die Lokomotive in einem hervorragenden Pflegezustand.

Abstecher nach Thüringen

Vornehmlich die Schmalspurbahnen in Thüringen waren ein häufiges Ziel der fotografischen Exkursionen von Günter Meyer. Besonders die ehemalige „Gera-Meuselwitz-Wuitzer Eisenbahn" (GMWE), eine im Jahr 1901 hauptsächlich zur Kohleversorgung der Stadt Gera eröffnete 1000-mm-Schmalspurbahn, hat unser Autor recht häufig besucht.

Da er auf dieser Bahn auf „Kommando" abgeordnet war, um dort als Schaffner zu arbeiten, entstanden selbstverständlich eine Vielzahl von Aufnahmen. Da konnte man aus dem Fenster des Übernachtungsraumes im Bahnhofsgebäude von Gera-Pforten wie auch auf der Strecke, fern von Transportpolizei und übervorsichtigen Vorgesetzten, die notwendigen Aufnahmen in Szene setzen. So entstanden gerade in den fünfziger Jahren eine Reihe wertvoller Bilddokumente der seit Mai 1969 infolge eines Unwetters stillgelegten Strecke. Aber auch die Trusetalbahn und die 1000-mm-Schmalspurbahn von Eisfeld nach Schönbrunn waren bevorzugte Ziele unseres Fotografen.

Bei all seinen Reisen und dienstlichen Obliegenheiten konnte Günter Meyer auch eine Reihe interessanter „Normalspurobjekte" ablichten. So gehörte sein Interesse der durch die Rbd Dresden verwalteten, aber in Ostthüringen gelegenen normalspurigen und elektrisch betriebenen Nebenbahn von Schleiz nach Saalburg (Saale). Die 1930 beim Bau der größten Talsperre Deutschlands, der Bleilochtalsperre, errichtete Bahn führt bis nach Saalburg und erreichte früher auch die Sperrmauer der Talsperre.

Als Heizer kam unser Fotograf auch planmäßig auf den Lokomotiven des Bw Aue bis in das in Ostthüringen gelegene Wünschendorf und konnte so Motive einst sächsischer Strecken auf thüringischem Territorium im Bild festhalten. Aus der Vielzahl seiner Aufnahmen sollen bei diesem kleinen Abstecher nach Thüringen insbesondere die Schmalspurstrecken und die ehemalige Schleizer Kleinbahn auf den folgenden Seiten an die Vergangenheit erinnern.

276 – Eine für damalige Zeit typische Szene am Haltepunkt Wünschendorf (Elster) Nord, wenige Kilometer vor der thüringischen Bezirksstadt Gera gelegen. Der Personenzug Weischlitz – Gera, bespannt mit einer Geraer P 8, ist gerade ausgefahren, und trotz der spätnachmittäglichen Stunde stieg an diesem 30. März 1961 eine beachtliche Anzahl von Reisenden aus.

277 – Ein sächsisches Motiv in Thüringen. Die Strecke Mehltheuer – Weida wurde auf vier Staaten gebaut, neben dem Königreich Sachsen auch durch das Großherzogtum Sachsen-Weimar-Eisenach und die beiden Fürstentümer Reuß ältere Linie und Reuß jüngere Linie, wodurch später ein Teil der Strecke in Thüringen lag. Zeulenroda unt Bf am 18. September 1964 mit P 2235 nach Gera, geführt von 38 354.

278 – Erfurt Hbf, im September 1967. 01 507 mit den bemerkenswerten drei Sorten Räder (Scheibe, Speiche, Boxpok) wartet auf den D 1100 aus Stralsund, den sie bis nach Bebra bringen wird.

279 – (oben) Etwas Glück muß man haben, wenn die Trusetalbahn besucht wird! Am eingefahrenen P 486 von Meiningen nach Eisenach erwischte Günter Meyer in Wernshausen, gut getarnt hinter einem Strauch, 03 1088, die gerade die Lastprobefahrt absolvierte. Am Zylinder, gut sichtbar, die Indiziergeräte. Zuglok an diesem 17. Mai 1966 war 38 3464.

280 – (unten links) Einen Blick in das Bw Erfurt P, dessen Anlagen der Betrachter heute vergebens suchen würde, darf nicht fehlen. Aus dem fahrenden Zug konnten dank eines leeren Abteils am 23. September 1969 22 008, 22 038 und VB 2.07.540 im Bild festgehalten werden.

281 – (unten rechts) Eine weitere Aufnahme aus dem Abteilfenster in Wernshausen. Glücklicherweise hatte 93 829 vor P 3169 nach Zella-Mehlis passend gehalten.

282 – (oben) Vier für den Zugförderungsdienst Thüringens unverzichtbare Gattungen folgen auf dieser Seite. Die längst stillgelegte Nebenbahn von Wutha nach Ruhla an der Hauptstrecke Erfurt – Bebra war eine Stammstrecke der preußischen T 14[1]. In Thal beobachtete Günter Meyer die ein- und aussteigenden Fahrgäste am P 974 nach Ruhla, der am 20. August 1967 von 93 1068 gezogen wurde.

283 – (unten links) Auf den Rampen über den Thüringer Wald waren sie einst unentbehrlich, die preußischen 94 und die Loks der Baureihe 44. Am 26. August 1967 beobachtete unser Fotograf in Suhl die Einfahrt des D 94 aus Görlitz zur Weiterfahrt nach Meiningen, den 44 1305 zog, während auf dem Nachbargleis 94 1175 auf ihren nächsten Einsatz wartete.

284 – (unten rechts) Die Direktion Erfurt war gleichsam eine Hochburg der preußischen G 12, die auf den Mittelgebirgsstrecken fast alle Zuggattungen beförderte. Die in Weimar am 20. August 1967 aus dem fahrenden Zug aufgenommene 58 1757 war mit ihrem vierachsigen Tender u. a. auf der Nebenbahn nach Kranichfeld im Einsatz, auf der wegen der engen Gleisradien die üblichen dreiachsigen Tender häufig entgleisten.

285 – (unten links) Die 1000-mm-Schmalspurbahn von Eisfeld nach Schönbrunn konnte eine interessante Linienführung aufweisen. Neben der Anlage eines eigenen Bahnkörpers führte sie – bei Schmalspurbahnen durchaus üblich – auch mitten durch die Ortschaften. Der Haltepunkt in Biberau befand sich auf der Dorfstraße. Am 23. August 1967 wartete dort P 3756 nach Eisfeld auf Weiterfahrt.

286 – (oben) Die gleiche Szene ebenerdig und beim nach Schönbrunn fahrenden P 3755. Mitten auf der Dorfstraße hält der Personenzug. Weder Fahrradfahrer noch Gespann nebst Hund nehmen davon besondere Notiz. Bei den beiden Sitzwagen handelt es sich um ehemalige 750-mm-Einheitswagen aus der Rbd Dresden.

287 – (unten rechts) Bahnhofsszene in Brünn mit dem P 3756 nach Eisfeld.

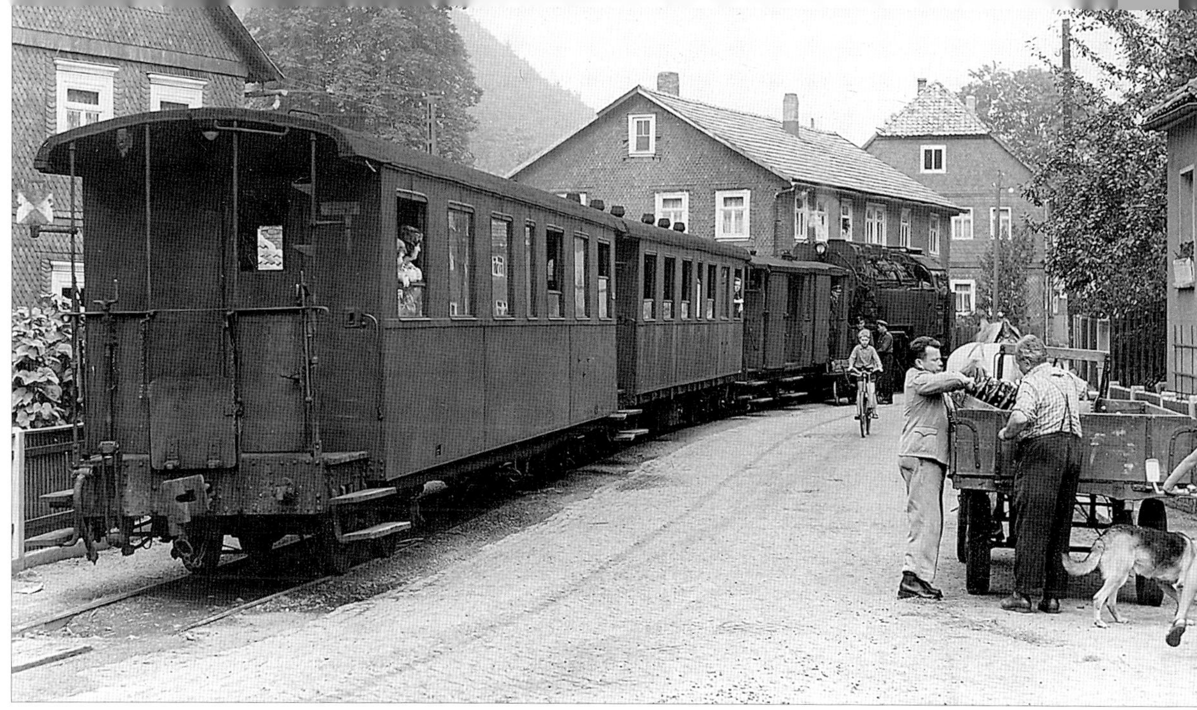

288 – Gruppenfoto der Eisenbahner vor dem abfahrbereiten P 1664 von Gera-Pforten nach Pölzig am 30. April 1963. Bespannt war der Zug mit der Mallet-Lok 99 5713, wobei die Luftbehälter auf dem Führerhausdach besonders auffallen, und der 99 183, deren erste und letzte Kuppelachse ehemals mit dem Luttermöller-Antrieb ausgerüstet war.

289 – Von seinem Übernachtungsraum im Pfortener Bahnhof in Gera nahm Günter Meyer im Februar 1958 die beiden Mallet-Loks 99 5712 und 99 5711 auf. Rechts im Bild der ehemalige Salonwagen Nr. 4, der dann die Nummer 901-251 trug.

290 – (oben links) Söllmnitz im Februar 1958. 99 191 ist mit ihrem Zug aus Gera gerade angekommen, die Ausfahrweiche wird umgelegt, der wartende Zug kann in Kürze in Richtung Gera abfahren.

291 – (unten links) Blick vom Arbeitsplatz des Schlußbremsers auf den Pmg mit 99 5911 in Richtung Wuitz. Der vordere Zugteil ist luftgebremst (Schleifer- und Knorrzweikammerbremsen), während der Schluß von Hand gebremst wurde. Auch auf diesem „zugigen" Arbeitsplatz vergaß unser Fotograf die Kamera nicht!

292 – (rechts) Stirnansicht der 99 5711 beim Wassernehmen in Pölzig im Februar 1958.

293–(oben) Im Bahnhof Kayna ist am 21. April 1963 der Gmp 11985 von Wuitz zur Weiterfahrt nach Gera-Pforten eingefahren.

294–(unten links) In Pölzig begegnet unserem Fotografen am selben Tag der Gegenzug P 1664 von Gera, der an Werktagen als Gmp 11990 weiter nach Wuitz verkehrt. Auffällig an Lok 99 5713 sind wiederum die Luftbehälter auf dem Führerhausdach.

295–(unten rechts) Am Endpunkt der ehemaligen privaten Gera-Meuselwitz-Wuitzer Eisenbahn (GMWE) in Wuitz-Mumsdorf an der regelspurigen Strecke Zeitz – Altenburg konnte man gleich drei unterschiedliche Bahnen beobachten. Links im Bild die 900-mm-Grubenbahn der Grube Leonhardt, in Bildmitte die GMWE und, rechts angeschnitten, das Stellwerk der DR-Strecke. Lok 99 5714 nimmt dort gerade Wasser.

296–(oben links) Haltepunkt Schwaara im April 1963. Zugführer Seifert und das Lokpersonal von 99 5714 warten, bis der Fotograf seine Aufnahme „geschossen" hat. Rechts am Bildrand einer der früher üblichen Neigungsanzeiger.

297–(oben rechts) Eine alltägliche Situation am Bahnhof Kayna im Februar 1958. Lok 99 5911, eine der beiden modernen GMWE-Heißdampfloks aus dem Jahre 1922, nimmt Wasser. Rechts ein Kohlewagen, aus dem bei Bedarf mit Körben die Maschine bekohlt werden konnte.

298–(unten) Bahnhof Söllmnitz am 21. April 1963. Der Gmp 11985 von Wuitz nach Gera-Pforten wartet auf Weiterfahrt; Gelegenheit für den mit einer Kamera „bewaffneten" Schaffner Günter Meyer, auf den Auslöser zu drücken. Hinter den beiden Personenwagen und dem Packwagen einer der 1935 von der GMWE beschafften Großraum-Kippwagen.

299 – Die Schleizer Kleinbahn AG eröffnete 1930 die elektrisch betriebene regelspurige Strecke von Schleiz nach Saalburg mit einer Zweigstrecke von Gräfenwarth zur Sperrmauer des Bleilochstausees. Die im Zusammenhang mit dem Bau der größten deutschen Talsperre errichtete Strecke diente nach deren Fertigstellung vornehmlich dem Ausflugs-, aber auch dem Berufsverkehr. Der Betrieb wurde mit zwei Personentriebwagen, vier Beiwagen und zwei Gütertriebwagen abgewickelt, die die DR nach Übernahme der Strecke im Jahr 1949 in die Baureihen ET 188 und EB 188 eingliederte.

Mit dem Sommerfahrplan 1969 wurde dort der elektrische Betrieb eingestellt und das selbständige Bahnbetriebswerk Saalburg (Saale) geschlossen.

Als diese Aufnahme am 18. September 1964 entstand, war die Einstellung des elektrischen Betriebes noch kein Thema. Der früh um 7.25 Uhr in Saalburg angekommene T 3694 aus Schleiz, gebildet aus ET 188 511, EB 188 512, EB 188 511 und EB 188 514, ist offensichtlich gut mit Reisenden besetzt. Damals fuhren die Kinder noch mit dem Zug zur Schule …

300 – Fern der Ortschaft, mitten in der Landschaft, befindet sich das Wartehäuschen des Haltepunktes Oschitz, an dem am 18. September 1964 T 3967 nach Schleiz hält.

301 – (unten links) Letzte Station vor dem Endbahnhof Saalburg ist der Haltepunkt Kloster. Kassiert wird im Zug durch eine Schaffnerin, die auf dem Trittbrett des hinteren Einstiegs des ET 188 511 steht.

302 – (oben rechts) Der Bahnsteig der ehemaligen Schleizer Kleinbahn AG in Schleiz befindet sich 100 m unterhalb des Empfangsgebäudes der Reichsbahnstrecke Schleiz – Schönberg (Vogtland), den die Reisenden zu Fuß erreichen. Zum Umsetzen muß der Triebwagen zum Ausweichgleis vorziehen, wo gleichzeitig die Verbindung zum Reichsbahnnetz besteht. Ankunft des T 3967 in Schleiz.

303 – (unten rechts) Zugkreuzung in Schleiz-West. Rechts T 3967 Saalburg – Schleiz mit ET 188 511, links Gütertriebwagen ET 188 522 mit zwei O-Wagen.

304 – Personentriebwagen ET 188 512 und Gütertriebwagen ET 188 521 im September 1964 vor der Triebwagenhalle des Bahnbetriebswerkes Saalburg (Saale).

305 – In der Triebwagenhalle stand zur selben Zeit Beiwagen EB 188 513.

306 – Gütertriebwagen ET 188 522, 1930 bei LHB in Weimar gebaut, konnte 60 t bergwärts befördern. Im Gegensatz zum ET 188 521 konnte er keine Personen befördern. 18. September 1964 in Schleiz West.

307 – Gütertriebwagen ET 188 521 der Gattung BPwet konnte auch Personen befördern.

308 – Am Abzweigbahnhof Gräfenwarth ist T 3967 von Saalburg eingefahren. Der Zug ist aus ET 188 511, EB 188 514 und EB 188 511 gebildet. Rechts das Gleis zur Sperrmauer der Bleilochtalsperre.

Sächsische Schmalspurromantik

Über sächsische Schmalspurromantik muß man keine großen Worte verlieren. Wer je die Schmalspurstrecken in Sachsen mit ihrem unverwechselbaren Milieu besuchte und erlebte, wird die dort vorgefundene Romantik nicht vergessen. Bis in die sechziger und siebziger Jahre schien die Zeit fast stehengeblieben, wenn IV K-, VI K- oder „VII K"-Loks durch die herrliche Landschaft zwischen Strehla an der Elbe und Frauenstein oder auf anderen Erzgebirgslinien vorbei an alten Heizhäusern, sächsischen Empfangsgebäuden oder über die vielen schönen Brücken rumpelten.

Trotz verbrauchter Gleise, alter Lokomotiven (die „Neubau"- und GR-IV K mal ausgenommen) und Wagen – die kleinen Bahnen gehörten zum ganz selbstverständlichen Alltagsbild im dichtbesiedelten Sachsen, wo in den oft kilometerlangen Ortschaften der Flußtäler Betriebsstelle auf Betriebsstelle folgte. Noch in den sechziger Jahren gehörten lange Züge, mit der Schmalspurbahn beförderte Güter zu den Normalitäten, fuhr die Bevölkerung aus den kleineren Ortschaften mit der Bahn „in die Stadt".

Auch die Vielfalt der eingesetzten Betriebsmittel war bis weit in die sechziger Jahre außerordentlich bemerkenswert: Von den Fairlie-Loks auf Sachsens 1000-mm-Strecke Reichenbach – Oberheinsdorf über die „alten" und „neuen" IV K-Loks, den in gleichen Spielarten vorhandenen VI K-Loks bis zu den ab 1928 beschafften Einheitsmaschinen und deren Nachkriegs-Nachfolgern – all das war vorhanden und bescherte dem Eisenbahnfreund neben der Romantik eine gewaltige Fülle des „Erlebnis Eisenbahn"!

Die sprichwörtliche Verbundenheit der Anwohner mit ihrer Bahn sollen deshalb auch einige Bilder von Streckenjubiläen und den damals einsetzenden Streckenstillegungen dokumentieren. Betrachtet man beispielsweise die Fotos vom 1967 gefeierten Streckenjubiläum „75 Jahre Wolkenstein – Jöhstadt", so glaubt man sich Jahrzehnte später zu großen Sonderfahrten oder bei den „Plandampf"-Veranstaltungen wiederzufinden – und das zu Zeiten, als kaum Zeitschriften über derartige Ereignisse informierten, als das öffentliche Bewußtsein die kleinen Bahnen eher als Hemmnis der „neuen Zeit" verdammte.

Schon aus diesem Grund verdient das Thema „Sächsische Schmalspurbahnen" ein eigenes Kapitel, wenn auch die Reichsbahn hier nicht so „verboten" war, als oftmals wenige Kilometer weiter. Die Heimatverbundenheit der diensttuenden Eisenbahner machte schon damals viele schöne Aufnahmen möglich, freute man sich über jeden Interessenten, der, oftmals aus großer Entfernung gekommen, die Betriebsmittel der Großväter-Generation noch einmal erleben wollte. Eine kleine Auswahl auf den folgenden Seiten soll daran erinnern, daß die Schmalspurbahnen Sachsens über Jahrzehnte für die wirtschaftliche Entwicklung unverzichtbar waren und sich in besonderer Harmonie in die unverwechselbare Kulturlandschaft Sachsens einfügten.

309 – (oben) Am Tag des Streckenjubiläums „75 Jahre Wolkenstein – Jöhstadt" wurde auch der in Jöhstadt ankommende P 3106 von der örtlichen Bergkapelle herzlich begrüßt.

310 – (rechts) Steinbach (bei Jöhstadt) am 28. Mai 1967: Kreuzung des P 3113 Jöhstadt – Wolkenstein mit dem Sonderzug nach Jöhstadt. P 3113 konnte an diesem Tag nur mit einem Wagen (in Sachsen als „Klassen" bezeichnet) verkehren, denn alle anderen Wagen wurden für den Jubiläumszug benötigt. Die Begeisterung und Anteilnahme der Anwohner und Eisenbahnfreunde bedarf wohl keines weiteren Kommentars!

311 – (unten links) Die ebenfalls an diesem Tag festlich geschmückte 99 597 am P 3106 im Bahnhof Großrückerswalde. Lok- und Zugpersonal stellen sich einem Erinnerungsfoto.

312 – (unten rechts) Derselbe Zug im Hp Streckenwalde; damals lag hier noch das Ladegleis.

313 – Eine der schönsten sächsischen Schmalspurbahnen führte von Wilkau-Haßlau nach Carlsfeld. Typische Szene in Kirchberg Hp am 24. Juni 1967 mit dem Gmp 11642 nach Wilzschhaus.

314–(oben links) Die sächsischen Schmalspurbahnen sind ohne die Lokomotiven der Gattung IV K nicht vorstellbar. Vor dem Kirchberger Heizhaus warteten am 24. Juni 1967 99 592, eine weitere Schwesterlok und vorn am Empfangsgebäude 99 577.

315–(oben rechts) In Wilzschhaus, dem heutigen Schönheide Süd, gab es immer Gelegenheit, die IV K-Loks in aller Ruhe abzulichten. Beim Wassernehmen von 99 607 schaute am 20. August 1965 auch das Personal freundlich in das Objektiv der Kamera.

316–(unten) Ebenfalls in Wilzschhaus fotografierte Günter Meyer im August 1958 Lok 99 579 vom Bw Kirchberg. Dahinter eine weitere IV K.

317 – (oben links) Anläßlich der letzten Zuführung eines Güterwagens für die Glashütte in Carlsfeld entstand am 14. Juli 1967 diese Aufnahme. Das Lokpersonal hatte dieses Ereignis am Wasserkasten (in Sachsen „Zisterne" genannt) verewigt. Lok- und Zugpersonal stellten sich einem Erinnerungsfoto. Rechts im Bild mit einer Schmalfilmkamera „bewaffnet" und dem Anlaß entsprechend mit Hemd und Schlips unser Autor Günter Meyer.

318 – (oben rechts) Vor dem einständigen Heizhaus in Carlsfeld stand am 27. April 1966 Lok 99 592, die gerade vom Personal gewartet wurde.

319 – (unten) Das Zug- und Stationspersonal von Schönheide Süd hatte sich am 4. August 1958 vor der Lokomotive 99 588 zu einem Gruppenbild versammelt.

320 – Eine schöne Seitenansicht von 99 583, aufgenommen am 25. März 1968 in Grünstädtel. Im Hintergrund die Halden des Uranerzbergbaus der Sowjetisch-Deutschen Aktiengesellschaft Wismut.

321 – Wertvolle Zeitdokumente in hervorragender Qualität schuf Günter Meyer u. a. bei den letzten Fahrten stillzulegender Strecken. Am 6. November 1967 war in Eppendorf der letzte Zug eingetroffen.

322 – (oben) Eine sehr kurze, aber äußerst reizvolle Strecke verlief von Grünstädtel nach Oberrittersgrün. Am dortigen Lokschuppen, heute Herberge des weithin bekannten Schmalspurmuseums, restaurierte am 29. März 1968 Lok 99 581.

323 – (unten links) Gut zehn Jahre früher, im August 1958, fotografierte Günter Meyer in Unterrittersgrün 99 596 mit dem Pmg 2612.

324 – (unten rechts) Nach der Ankunft in Oberrittersgrün wurde die Zuglok unter den freundlichen Blicken des Lokführers abermals abgelichtet. Man kannte dort bereits „Foto-Meyer“! 99 596 hatte damals noch die tiefsitzenden Speiseköpfe und die alten Ramsbottom-Sicherheitsventile.

325–(oben links) Nochmals zur Strecke Hetzdorf – Eppendorf, auf der am 6. November 1967 der letzte Personenzug verkehrte. Auch er wurde unter großer Anteilnahme der Bevölkerung auf die Reise geschickt. Die Aufnahme entstand in Eppendorf nach der Ankunft dieses Zuges mit 99 551.

326–(oben rechts) Am 7. August 1964, als in Eppendorf diese Aufnahme mit 99 551 und P 3213 nach Hetzdorf entstand, ahnte wahrscheinlich noch niemand, daß auf der Strecke drei Jahre später keine Personen mehr befördert werden sollten.

327–(unten) Der letzte Personenzug bei der Abfahrt in Hetzdorf. Fahnengeschmückt waren Bahnhof und Zug. Als zeitgenössische Zugabe verpaßte man der alten IV K noch ein gewaltiges Schild mit der Aufschrift „50 Jahre Roter Oktober" (siehe auch Bild Seite 158).

328 – (oben links) Die Aufnahmen auf dieser Seite sollen an die Schmalspurbahn von Mulda nach Sayda erinnern. Kurz vor der Abfahrt des P 1008 in Mulda entstand dieses Bild beim Einsteigen der Anschlußreisenden. Zuglok am 6. Mai 1966 war 99 585.

329 – (oben rechts) Eine besonders idyllische Lage hatte der Haltepunkt Wolfsgrund. Fern jeglicher Bebauung wurde aber auch er von Reisenden genutzt. Den Aufenthalt des P 1004 nach Sayda nutzte Günter Meyer am 17. Juli 1966 für eine Aufnahme.

330 – (unten) Der Hp Unterfriedebach besaß kein Empfangsgebäude, sondern ein bei sächsischen Schmalspurbahnen häufig zu findendes Wartehäuschen. Im Juli 1966 benutzten noch die Schulkinder den Zug nach Mulda.

331 – (oben) Bahnhof Mulda, Ausgangspunkt für die Strecke nach Sayda. Im Schmalspurteil des Bahnhofs rangiert 99 585, im Hintergrund der einständige Lokschuppen und die nach Hermsdorf-Rehefeld weiterführende Normalspurstrecke.

332 – (unten links) Im Endbahnhof Sayda wurde am gerade bereitgestellten P 1009 nach Mulda das Expressgut behandelt. Der rechts abgebildete Handwagen stammte noch aus Zeiten der Königlich Sächsischen Staatseisenbahnen.

333 – (unten rechts) Während der Fotograf zur Lokomotive lief, um den P 1009 von der anderen Bahnhofsseite abzulichten, war das Expressgut bereits im Zug verstaut, (6. Mai 1966).

334 – (oben) Abschiedsstimmung gab es auch auf der Strecke Thum – Schönfeld-Wiesa, als am 15. August 1967 mit dem Sonderzug 03015, gezogen von 99 787, der letzte Reisezug verkehrte. In Tannenberg Ost erwartete eine kleine Schar Schaulustiger den Abschiedszug.

335 – (unten links) Am 4. Oktober 1964 wartete in Ehrenfriedersdorf der P 3010 von Meinersdorf nach Schönfeld-Wiesa auf die Kreuzung mit P 3013. Erstaunlich viele Reisende benutzten damals diesen Zug.

336 – (unten rechts) Im Bahnhof Schönfeld-Wiesa traf unser Fotograf an der Rollgrube 99 599, die den Anschluß Papierfabrik Schönfeld bediente. Im Hintergrund der Sonderzug 03016, der letzte Zug nach Thum. Links im Bild ein altes Läutewerk, das noch aus den Zeiten stammte, als die AF-Linie (Annaberg – Flöha) eine Hauptbahn war.

337 – Auf der Schmalspurbahn hatte man viel Zeit, so auch in Simselwitz, als dort Gmp 11321 (Gärtitz – Lommatzsch) am 27. Mai 1969 für ein Gespräch zwischen Zugpersonal und Anwohnern pausierte.

338 – Die Zeit schien am Hp Zaußwitz stehengeblieben zu sein, als Gmp 11434 (Strehla – Oschatz) am 1. November 1963 dort hielt. Wie groß war wohl der Altersunterschied zwischen 99 552 und dem Fuhrwerk?

339 – Vier Jahre später durfte die nun „neue“ 99 562 den letzten Zug von Mügeln nach Neichen fahren.

340 – Mügeln b. Oschatz genoß über viele Jahre den Ruf, Europas größter Schmalspurbahnhof zu sein. Am 1. September 1964 trafen sich dort 99 552 und 99 534.

341 – Pferdefuhrwerk, Heizer mit Ölkanne und IV K: Schmalspurromantik in Lommatzsch.

342–(oben links) Die „Rollbockbahn", eine 1000-mm-Schmalspurstrecke von Reichenbach im Vogtland nach Oberheinsdorf, übte auf Günter Meyer einen besonderen Reiz aus. Als er 1951 seine erste Kamera in den Händen hielt, schoß er dort seine allerersten Fotos. Die Aufnahme zeigt den Bf Oberheinsdorf am 24. Oktober 1958 mit dem abfahrbereiten P 2204 und Lok 99 161.

343–(unten) Jahrzehnte waren solche Szenen normaler Alltag im vogtländischen Reichenbach, wenn sich der „Rollbock" in den engen Gassen die Straße mit Pferdefuhrwerken, Fahrrädern und Passanten teilen mußte. 2. November 1957 in der Reichsstraße.

344–(oben rechts) Auf diese beiden Jungen übte die ungewöhnliche Fairlie-Lok wohl auch eine spezielle Anziehungskraft aus. Beide beobachteten im Herbst 1957 das Umsetzen der Lok in Oberheinsdorf.

345 – (oben links) 99 162 vor dem Heizhaus in Reichenbach (Vogtl) unt Bahnhof. Der Wasserkran rechts im Bild war für die Normalspurloks der Strecke nach Mylau–Göltzschtalbrücke bestimmt.

346 – (oben rechts) Bei bestem Herbstlicht gelang Günter Meyer 1957 dieses Motiv des P 2203 in der Bergstraße in Reichenbach.

347 – (unten) Die seitliche Ansicht auf die Fairlie-Lok 99 161 zeigt sehr gut die abweichenden Konstruktionsmerkmale dieser Bauart mit den beiden Kesseln und dem beweglichen und mit Klappen verkleideten Triebwerk. Die Maschinen waren in der Lage, extreme Krümmungshalbmesser bei der Bedienung von Fabrikanschlüssen zu befahren.

348 – Blick auf den Bahnhof Klingenberg-Colmnitz am 5. Oktober 1966 mit Lok 99 655. Der Bahnhof war Ausgangspunkt der Strecken nach Frauenstein und Oberdittmannsdorf.

349 – (oben) Abfahrbereit stand am 5. Oktober 1966 Gmp 11295 von Frauenstein nach Klingenberg-Colmnitz im Bf Burkersdorf. Erstaunlich die große Anzahl der mitgeführten Güterwagen.

350 – (unten links) P 906 nach Frauenstein war am 4. August 1963 mit 99 684 bespannt. Recht idyllisch war es auf dem Bf Friedersdorf, neben der Wartebude ein alter F 8, und der kleine Junge am Ausweichgleis wartete wohl auf seine Großeltern, die gerade den Zug verlassen haben.

351 – (unten rechts) Nochmals Gmp 11295, diesmal eine Aufnahme aus dem Bahnhof Oberbobritzsch.

352 – Zur 750-Jahr-Feier in Frauenstein gab es einen langen Sonderzug, der mit 99 715 und 99 714 bespannt war. Die Aufnahme entstand am 30. Juni 1968 in Frauenstein, kurz vor der Abfahrt zurück nach Freital-Potschappel!

353 – Güterzüge auf den Schmalspurbahnen mußten bei Bedarf doppelt bespannt werden. N 11124 von Potschappel nach Nossen benötigte am 9. April 1965 die beiden Loks 99 714 und 99 706.

354 – (oben) Vor dem Heizhaus in Potschappel hatten am 6. September 1964 die beiden VI K-Loks 99 684 und 99 678 Aufstellung genommen. Im Haus stand außerdem noch 99 689. Wer erinnert sich heute noch daran, daß die Maschinen dort per Hand mit Körben bekohlt werden mußten!

355 – (unten links) Seitenansicht der 99 684 in Mohorn, die am 6. September 1964 den P 1732 von Potschappel nach Nossen zu fahren hatte.

356 – (unten rechts) Der Sonderzug vom 30. August 1968 von Frauenstein nach Potschappel (mit Kopfmachen in Klingenberg-Colmnitz) hatte immerhin 52 Achsen und war mit zwei Maschinen der Gattung VI K bespannt. Der Zuglok 99 714 war 99 715 vorgespannt.

357–Die sächsischen VI K waren viele Jahre auf der Strecke Radebeul – Radeburg im Einsatz. In Berbisdorf konnte am 25. September 1964 P 1141 mit 99 694 beobachtet werden.

358–Den Aufenthalt des Zuges nutzte Günter Meyer auch für eine Seitenaufnahme der Maschine. Damals brauchten Lok und Personal noch nicht um die am Zylinderblock angeschraubten Fabrikschilder zu fürchten …

172

359 – Kreuzung eines Personenzuges (P 1141) nach Radeburg mit einem Güterzug nach Radebeul am 25. September 1964 im Bahnhof Moritzburg.

360 – Abschied von der Schmalspurbahn – so könnte der Titel des letzten Fotos heißen, das unsere Autor aus einer schattigen Waldlichtung bei Hohenfichte (Strecke Hetzdorf–Eppendorf) am 4. Oktober 1966 aufnahm. Hören Sie auch das Klappern der Räder auf den vielen Schienenstößen, das unverwechselbare Geräusch der IV K und den langen, gellenden Pfiff... Fast ist man geneigt, auf den herüberwehenden Geruch der verbrannten Kohle zu warten, auf den die geübte Nase des Fotografen geradezu wartet ...

Mit 360 Aufnahmen aus Günter Meyers Archiv ist unsere Reise durch die Fünfziger und Sechziger der Reichsbahn zu Ende. Wir hoffen, daß Sie viel Vergnügen bei dieser Reise in die Vergangenheit hatten, sich vielleicht auch an scheinbar vergessene Details aus Ihrer Kindheit oder Jugend erinnern, an Zeiten, als die Eisenbahn für den „Normalbürger“ noch d a s Verkehrsmittel war. Unser Autor, der sich über Jahrzehnte mit einer fast unglaublichen Akribie der Dokumentation des Betriebsgeschehens der Deutschen Reichsbahn widmete, kann auch mit Genugtuung Bilanz ziehen. So ist es sein Wunsch, diesen Bildband – sozusagen stellvertretend für den einst kleinen Kreis der Eisenbahnfreunde – mit den treffenden Worten des ihm bekannten Fahrdienstleiters Kielstein enden zu lassen, deren da lautet: **„Ein Glück, daß wir nicht müßig waren!“**

Weitere Bildbände von Günter Meyer

mit traumhaften Aufnahmen des einstmals alltäglichen Bahnbetriebs zwischen Ostsee und Erzgebirge, ebenso eindrucksvolle Szenen vom Leben auf den Bahnhöfen, in den Bahnbetriebswerken und entlang der Strecken.

Weitere Bildbände sind in Arbeit, bestellen Sie sich unseren kostenlosen Gesamtprospekt.

Bahnanlagen in Sachsen und der Rbd Dresden – Band 3
Format: 300 x 210 mm
144 Seiten • ca. 250 Abbildungen
€ 29,80 • Bestellnr. 280

Neuauflage 2005

Eisenbahnreise ins Erzgebirge
Format: 300 x 210 mm
180 Seiten • über 250 Abbildungen
€ 29,80 • Bestellnr. 258

Erlebnis Deutsche Reichsbahn Band 2
Format: 300 x 210 mm
152 Seiten • ca. 220 Abbildungen
€ 29,80 • Bestellnr. 265

Erlebnis Deutsche Reichsbahn Band 1
Format: 300 x 210 mm
168 Seiten • über 258 Abbildungen
€ 29,80 • Bestellnr. 260

Auf schmaler Spur nach Norden
Format: 300 x 210 mm
164 Seiten • über 267 Abbildungen
€ 29,80 • Bestellnr. 259

EK-Verlag GmbH – Eisenbahn-Kurier • Postfach 500 111 • D-79027 Freiburg
Tel.: 07 61 / 70 310 - 0 • Fax: 07 61 / 70 310 - 50 • service@eisenbahn-kurier.de • www.eisenbahn-kurier.de

Eine Hommage an Carl Bellingrodt

Carl Bellingrodts Heimatstadt Wuppertal war zugleich Gründungsort des 1966 entstandenen Eisenbahn-Kurier – schon früh entwickelten sich Kontakte zwischen dem alten Meister und dem jungen Eisenbahn-Kurier. So organisierten beispielsweise der Eisenbahn-Kurier und der Verein der Eisenbahnfreunde (VdEF), dem Carl Bellingrodt bis zu seinem Tod im Jahr 1971 vorstand, gemeinsame Sonderfahrten mit aussterbenden Dampflok-Baureihen.

Seit vielen Jahren nun pflegt der Eisenbahn-Kurier im Sinne von Carl Bellingrodt dessen berühmtes Lokomotivbild-Archiv – seit jüngster Zeit sogar die einzigartige Farb-Dia-Sammlung des Altmeisters. Die langjährige Freundschaft und der persönliche Kontakt zwischen dem Nestor der deutschen Eisenbahn-Fotografie und dem bekannten EK-Autor Hansjürgen Wenzel erlauben uns, diesen neuen Band zu präsentieren, der neben den meisterhaften Schwarz-Weiß-Aufnahmen auch eine Anzahl Farbfotografien zeigt. Zahlreiche Originaldokumente belegen Anekdoten und Probleme beim Schaffen von Carl Bellingrodt.

Ein Leben für die Eisenbahn-Photographie

Format: 260 x 215 mm
ca. 160 Seiten
ca. 200 Abbildungen
teilweise in Farbe
€ 29,80
Bestellnr. 289
Oktober 2004 erschienen

EK-Verlag GmbH – Eisenbahn-Kurier • Postfach 500 111 • D-79027 Freiburg
Tel.: 07 61 / 70 310 - 0 • Fax: 07 61 / 70 310 - 50 • service@eisenbahn-kurier.de • www.eisenbahn-kurier.de